马克思主义简明读本

属人的世界

丛书主编：韩喜平

本书著者：杨洪兴

编　委　会：韩喜平　邵彦敏　吴宏政
　　　　　　王为全　罗克全　张中国
　　　　　　王　颖　石　英　里光年

吉林出版集团股份有限公司

图书在版编目（ＣＩＰ）数据

属人的世界/杨洪兴著.--长春:吉林出版集团股份有限公司，2013.9
（2019.2重印）
（马克思主义简明读本）

ISBN 978-7-5534-2585-6

Ⅰ.①属…Ⅱ.①杨…Ⅲ.①人性－研究Ⅳ.①B82-061

中国版本图书馆CIP数据核字(2013)第174651号

属人的世界
SHUREN DE SHIJIE

丛书主编： 韩喜平
本书著者： 杨洪兴
项目策划： 周海英　耿　宏
项目负责： 周海英　耿　宏　宫志伟
责任编辑： 金　昊
出　　版： 吉林出版集团股份有限公司
发　　行： 吉林出版集团社科图书有限公司
电　　话： 0431-86012746
印　　刷： 北京一鑫印务有限责任公司
开　　本： 710mm×960mm　1/16
字　　数： 100千字
印　　张： 12
版　　次： 2013年9月第1版
印　　次： 2019年2月第2次印刷
书　　号： ISBN 978-7-5534-2585-6
定　　价： 29.70元

如发现印装质量问题，影响阅读，请与出版方联系调换。0431-86012746

序　言

习近平总书记指出，青年最富有朝气、最富有梦想，青年兴则国家兴，青年强则国家强。青年是民族的未来，"中国梦"是我们的，更是青年一代的，实现中华民族伟大复兴的"中国梦"需要依靠广大青年的不断努力。

要提高青年人的理论素养。理论是科学化、系统化、观念化的复杂知识体系，也是认识问题、分析问题、解决问题的思想方法和工作方法。青年正处于世界观、方法论形成的关键时期，特别是在知识爆炸、文化快餐消费盛行的今天，如果能够静下心来学习一点理论知识，对于提高他们分析问题、辨别是非的能力有着很大的帮助。

要提高青年人的政治理论素养。青年是祖国的未来，是社会主义的建设者和接班人。党的十八大报告指出，回首近代以来中国波澜壮阔的历史，展望中华民族充满希望的未来，我们得出一个坚定的结论——实现中华民族伟大复兴，必须坚定不移地走中国特色社会主义道路。要建立青年人对中国特色社会主义的道路自信、理论自信、制度自信，就必须要对他们进行马克思主义理论教育，特别是中国特色社会主义理论体系教育。

　　要提高青年人的创新能力。创新是推动民族进步和社会发展的不竭动力，培养青年人的创新能力是全社会的重要职责。但创新从来都是继承与发展的统一，它需要知识的积淀，需要理论素养的提升。马克思主义理论是人类社会最为重大的理论创新，系统地学习马克思主义理论有助于青年人创新能力的提升。

　　要培养青年人的远大志向。"一个民族只有拥有那些关注天空的人，这个民族才有希望。如果一个民族只是关心眼下脚下的事情，这个民族是没有未来的。"马克思主义是关注人类自由与解放的理论，是胸怀世界、关注人类的理论，青年人志存高远，奋发有为，应该学会用马克思主义理论武装自己，胸怀世界，关注人类。

　　正是基于以上几点考虑，我们编写了这套《马克思主义简明读本》系列丛书，以便更全面地展示马克思主义理论基础知识。希望青年朋友们通过学习，能够切实收到成效。

韩喜平

2013年8月

目　　录

引　言

人类通过实践活动使物质世界分化为自然界与人类社会，又使自然界与人类社会统一起来，创造了人化自然和人类社会。人化自然和人类社会共同构成属人的世界。人在实践活动中创造了人类社会，人类社会的存在和发展又反过来影响和制约自然界，不断改变自然界，使自然界不断人化，构成了人类社会的无机身体。当今世界出现的生态、环境、人口、资源等全球危机问题，并不单纯是自然系统内平衡关系的严重破坏，实际也是人与自然关系的严重失衡。

实践是人类社会的基础，一切社会现象只有在社会实践中才能找到最后的根源，才能得到最终的科学说明。在实践中形成了人的社会关系体系，形成了社会生活的基本领域，实践构成了社会发展的动力。

人类社会生活是借助文化而实现的。神话、宗教、习俗、艺术、伦理、科学、哲学等各种文化形式，共同构成了人的现实生活。人化自然和人类社会共同构成了属人的世界。在属人的世界中，人才具有了属人的生活。

一旦生产力达到一定的高度，将会实现人与自然、人与人之间相互利益的完全和解。这样社会就会形成为个人自由而全面发展的条件。人们在开放的世界体系中，表达自己的生命意愿，并把世界本身的完美当成自己的使命。

只有到了这时，人与自然的冲突、人与人的冲突，才能化解，人才能真正全面而自由地发展自己的个性。

第一章　劳动创造属人的世界

人的世界是自然界长期发展的产物，但人并不是生活在纯粹的自然界之中。人以创造性的劳动为自身的存在方式，在这种劳动中，人一方面改造自然，把自然变成人的无机身体或者说是更加符合人所需要的自然；另一方面，人也创造了社会。人化的自然与人类社会，就是人通过人且为了人创造的属人的世界，这是现实的人真实地生活于其中的世界。

第一节　人化自然

一、劳动创造人本身

自然界是指人之外的世界，属于盲目的自然力量相互作用形成的世界。

客观存在的任何事物都处于内部各要素之间以及事物之间

的广泛联系。各种事物相互联系又形成了一个世界整体。我们可以称之为自然界。

自然界最初表现为无生命的无机界。如山脉、土壤、河流、海洋。在无机界只存在物理化学运动而没有生命运动。

随着地理变迁，在茫茫的太阳系中，地球产生了生命现象，并出现了生命大分子。今天我们能观察到的最早出现的生命现象就是变形虫，变形虫即是生命大分子，没有感觉器官和内脏系统，它只能通过触动而包围食物，进行融化，吸收养分。这种生命现象，我们称之为低等生物的刺激感应性，如向日葵、含羞草都具有明显的生物刺激感应性。

在生物刺激感应性基础上，进一步演化出了动物的感觉和心理。动物有感觉系统和大脑，它们能对外界的事物做出本能化的选择。这种本能化的选择能力是物种在长期适应环境的过程中自然形成的一种遗传能力，是任何物种的个体天然具有的生存能力。大型物种，如虎的生存本能需要在自然环境中长期适应才能显现，一旦幼仔时期远离自然环境或在人工饲养的环境中长大，就会产生本能退化，而无法适应自然界的竞争法则。

高等动物之间存在较强的分工协作关系。这是为了确保在食物稀少的状况下，整个族群能及时捕捉到猎物。尤其是以活动目标为食物的大型食肉动物，更加依赖分工协作，否则就会出现因饥饿而死亡的现象，甚至种群灭绝。

至于食草动物之间的分工协作主要表现在防御食肉动物的捕食中。他们通过通力协作增加了食肉动物捕食的难度，甚至多数情况下可以逃脱捕杀。

动物在分工协作中，产生了各种感觉和心理活动。他们通过各种感觉和心理，表达彼此关系并获取所需之物。直接展现心理和感觉，而不借助任何文化形式，是动物处于自然状态的最好证明，有些动物也会借用纯自然的事物，向其他动物展现自己的心理和感觉，已经具有了一定的抽象思维萌芽。

狗在食物的刺激下，立即会分泌唾液，这是无条件反射。生物学家巴甫洛夫通过给狗进食摇铃，发现狗对符号也能作出反应，这叫条件反射。条件反射表明动物也能反映与生命建立了暂时性联系的事物和现象。这大大加强了动物的反应能力和活动能力。以实物的刺激为"信号"而引起的条件反射，叫作第一信号系统，它是一般高等动物都具有的信号系统。

从动物的生物活动进化到人的社会实践活动，为了与之相适应，人的意识所需要反映的东西远远超过了其他动物，第一信号系统逐渐不能满足这种反映的需要，因而出现了第二信号系统。第二信号系统也就是信号的信号——语言和文字。

在第二信号系统的基础上，人类产生了思维能力。人的思维是抽象思维，它以语言为中介，是对事物本质的规律的把握。对规律的把握，使人不仅能利用现有的事物而且能创造属于人独有的世界。从此，人开始了人的生活。

胚胎学、解剖生理学、生物学提供的大量证据表明，人类是由猿进化而来的。在猿向人演化的过程中，劳动起了决定性的作用。

类人猿最初生长在茂密的原始森林，利用四肢在树上攀爬并摘取果实。由于地理变迁，森林大量消失，类人猿被迫来到地面，使前后肢的分工得以产生。后肢主要用来行走，前肢用来抓取食物。这种前后肢的分工，为日后制造和使用工具打下了良好的生理基础。在复杂的地面生活中，类人猿逐渐形成了较强的群居性特征，这为它向人类演化提供了重要条件。

恩格斯指出："劳动创造了人本身。"[1]当类人猿采用加工过的工具获取生活资料时，人类的劳动就产生了，这同时也

---

[1]马克思、恩格斯：《马克思恩格斯选集》（第4卷），人民出版社1995年版，第374页。

是人类的诞生的标志。

首先，劳动为意识的产生提供了客观必要的可能。人要改造自然界，使之满足自身的需求，这是不同于动物的独特现象。动物只是适应自然环境，不需要发现客观规律，而人恰恰相反。他们必须把握事物内在的本质的规律，为此人类必须具备抽象思维能力，这就产生了思维的必要性。亿万次的重复劳动，使人类逐渐形成了逻辑推理和概括能力，这样就产生了思维活动，并最终形成了抽象思维能力。

其次，劳动促使了前后肢分工的固定化，为人类创造和使用工具、改造世界提供了可能。最初人类利用现成的石块、木棒作为工具来获取食物、构筑巢穴、防御兽类侵袭。当人类逐渐从使用天然工具到学会自己制造和使用工具，就形成了真正意义上的劳动。前后肢的分工，使人有了改造一切的万能工具。

再次，劳动促使语言的产生。劳动中的分工协作、相互呼应，促进了简短的呼喊的产生，这是语言的萌芽。当在劳动中，如果"已经到了彼此间有些什么非说不可的地步了"[1]，

①马克思、恩格斯：《马克思恩格斯选集》（第3卷），人民出版社1995年版，第511页。

就会产生语言。语言的产生，使人脑可以利用抽象的概念来思考事物，更一般地掌握了事物活动规律，从中找到依据，使人类的意识得以产生。

最后，在劳动和语言的推动下，猿脑变成了人脑。随着人类生活逐渐复杂化，它的容积不断变大，组织结构越来越复杂和严密，为意识的产生提供了物质基础。

人的劳动是在集体和社会中进行的，所以离开了集体和社会也不会有人的产生。在集体和社会中才有语言和创新的必要，个体没有了集体和社会，就不可能成为社会的一员，不可能成为人。1920年，在印度发现了两个被狼哺育的人类女孩，其中一个发现不久即死去，另一个大约七八岁，起名卡玛拉。起初她用四肢爬行，惧怕强烈的光亮而习惯夜间生活，不食素，一见生肉便扑过去，对人抱有敌意，不会讲话而只会像狼一样地嗥叫，没有抽象思维能力。尽管人们对她做了大量的工作，可是在她十岁死去的那年，她的智力水平还只相当于四岁小孩。这个事例，证实了马克思的论断："意识一开始就是社会的产物，而且只要人们还存在着，它就仍然是这种产物。"[1]

---

①马克思、恩格斯：《马克思恩格斯选集》（第1卷），人民出版社1995年版，第35页。

人类意识和动物心理具有本质的差异。动物只是适应外界环境，无须改造外界，也不能改造外界，而人则要改造外部世界，满足人自身的需要。这就导致了动物的心理和人的意识的本质差异。

第一，动物以具体形象的感觉来反映事物，而人则是以抽象的概念来反映事物。具体形象属于感性认识，只能反映现象，而不能反映本质。科学家的实验证明，猴子经过训练可以学会用水桶从水缸里打水浇灭燃烧着的火，如果把两只船连接在一起，猴子能走过跳板从另一只船的水缸里打水来灭自己船上的火，而不能就近用湖水来灭火，因为它不懂得"凡是水都能灭火"的本质和规律。

第二，动物无法用语言反映事物，而人可以用语言进行沟通。语言属人类独有，并十分繁杂，而动物则只会用声音传递信息，尚属本能，十分简单。

第三，由于长期受社会实践活动的影响，人类的感性认识能力远远超越了动物的感觉能力。经过专门培训的黑色制品工人能辨别四十多种不同色度的黑颜色，而一般人只能看出两三种色度。工作经验丰富的工人能用手摸出面粉的质量以及麦子的产地。正如恩格斯所说的："鹰比人看得远，但是人的眼睛识别东西远胜于鹰。狗比人具有更敏锐的嗅觉，但是它不能辨别在人看来是各种东西的特定标志的气味的百分之一。至于触觉（猿类刚刚有一点儿最粗糙的萌芽），只是由于劳动才随着人手本身的形成而形成。"[1]

第四，意识是人脑的属性，而动物的大脑则无法思考。现代自然科学证实了人脑皮层有专门管理语言的部位，有语言中枢、听语言中枢、运用语言中枢等；而猿类大脑皮层只有少数与发音有关的点。

总之，劳动的出现，标志着人从自然界分化出来，并开始了自己的生命旅程。

二、社会实践与社会生活的关系

劳动的出现，标志着人从自然界中分化出来。但是人类社会无法脱离自然界而存在。社会生活首先是自然界发展的一部分。自然界为人类社会提供了基础和条件。人与自然的关系是在实践中形成的、始终是处于一定的社会关系中的、纳入了社会的物质交换关系，是具有社会物质性的交换关系。

---

[1]马克思、恩格斯：《马克思恩格斯选集》（第3卷），人民出版社1995年版，第57页。

社会实践是使物质世界分化为自然界与人类社会的历史前提，又是使自然界和人类社会统一起来的现实基础。

在社会实践活动过程中，物质世界逐渐分化出自然界和人类社会。自然界是指独立于人的活动或未被纳入人的活动范围的客观世界，其运动变化是自发的。人类社会是人们在特定的物质资料生产基础上相互交往、共同活动形成的各种关系的有机系统。人类社会是人的实践活动的对象化，是人的对象世界。人通过世代劳动逐渐形成和丰富了人类社会，并使自然界的一部分也拥有了属人的性质。

自然界和人类社会均是客观存在的世界，二者相互制约、相互影响。

人类社会是人的意识的自觉实践的产物，它存在于特定的方式之中，这种方式就是生产力和生产关系的结合体，简称生产方式。人们在结合体中从事着物物交换和自身生产，同时与自然发生着各种联系。

马克思主义正确地阐明了实践的本质及其在人化自然和人类社会的形成过程中的作用，创立了科学的实践观。这个观点认为，实践就是人类能动地改造世界的客观物质性活动。实践是感性的、对象性的物质活动，"全部社会生活在本质上是实践的"。

首先，实践具有直接现实性。实践就是实践者运用劳动工具，加工劳动对象，改造客观世界的物质性活动。无论实践成败均会给自然界留下不以人的意志为转移的痕迹。所以，人类在勇于实践的同时，又要谨慎自己行为的后果可能造成的危害。无论人类自身有多么强大的实践能力，都要受客观现实条件的制约。

其次，实践具有自觉能动性。人的行为总是有目的的行为，总是追求理想性的事物，总是追求创造属人的世界。脱离理想，人的实践就不能称之为人的实践，它就会丧失意义，回归到动物界。

最后，人类实践总是具有历史阶段性的行为，并且它是连续不断的活动。任何时刻的实践活动都是以往历史的继承和对未来理想的追求。这体现了人类实践的进步性和崇高性。

人类社会实践形式多种多样，而且随着社会分工的发展，人类社会的实践也逐渐复杂起来，但总括起来有三种形式。三种形式综合在一起构成了人类社会活动的结构：

第一，物质生产劳动是人类最基本的实践活动，它是以自然为对象，运用人们自身的力量，借助物质工具和手段，加工劳动对象，满足人们各种物质需求，实现了部分自然界的人化。并且在物质生产劳动中，人类逐渐展开了对自然界的广泛探索，了解自然现象、自然的性质和规律以及人与自然的关系。

第二，处理社会关系的实践是人们社会生活的另一重要内容。在物质生产活动中会形成各种关系，其中生产关系决定一切其他的社会关系。正是由于恰当的社会关系的形成，才能解决人们的利益分配问题，有利于生产力的发展。一旦社会关系不适应当时的生产力，就会阻碍生产力的发展，这就促使人们对生产关系进行调节。

在阶级社会中，人们的社会关系主要表现为阶级关系。阶级关系反映了人们在经济关系中的地位。其中占有生产资料的阶级为统治阶级，支配其他阶级的命运。统治阶级在社会发展的晚期，总是要阻碍生产力的发展，成为社会进步的障碍。所以为了促进历史发展，阶级斗争必然发生。

第三，科学实验是一种尝试性、探索性的实践活动。科学实验最初存在于其他活动之中，为了更精准、典型地探知自然规律，在实验室中排除了一些偶然因素的影响，得出了更精准的科学知识。在人类日益深入地探知自然和人类社会的过程中，科学实验正成为先遣行为，显示了强大的活力。

实践是人类独有的存在方式。人作为自然界的一部分必然与自然界存在着物质、信息和能量的交换。这种交换是通过实践完成的。马克思指出："在实践上，人的普遍性正表现为这样一种普遍性，它把整个自然界——首先作为人直接的生活资料，其次作为人的生命活动的对象（材料）和工具——变成人的无机的身体。自然界，就它自身不是人的身体而言，是人的无机的身体。人靠自然界生活，这就是说，自然界是人为了不致死亡而必须与之持续不断地交互作用过程的人的身体。所谓人的肉体生活和精神生活同自然界相联系，不外是说自然界同自身相联系，因为人是自然界的一部分。"[①]如果脱离社会理解人与自然界的关系，人与自然界的关系就变成了动物与自然界的关系。人通过制造工具从自然界获取所需之物，而动物仅凭本能去获取食物。它们依赖天然的器官而生存，必须保证器官与变化中的自然界相协调。人只能凭借工具改变自然物的存在形式或者自然环境的存在形式，满足自身的生存需要。

人在劳动实践中形成必要的劳动关系，才能展开劳动。人

[①]马克思、恩格斯：《马克思恩格斯选集》（第1卷），人民出版社1995年版，第45页。

无法单个孤立地行动，必须相互依赖，结成复杂的社会关系。其中生产关系是全部社会关系的基础，它把整个社会联结成一个系统。政治关系、思想关系、家庭关系、民族关系、宗教关系、国际关系等均是在生产关系基础之上建立的。只有弄懂了生产关系，才能弄懂整个人类社会的发展规律。

动物受本能支配，被迫服从大自然、适应大自然，从而获得生存资料。而人则凭借智慧，有意识地改造世界，生产所需物品和创造生活环境。自然界是决定动物生存的力量，而人类社会是决定人类存在的力量。

动物的生存能力是凭借生物遗传，而人在此基础上还借助了文化传承的方式。多样的文化传承方式，使人类的文明成果不断积累，生产和生活能力日益强大。语言、思想、科学、文化、传统是人类生命的蓄水池。重视历史，就是重视人类的现今与未来。

这样，实践就成了社会生活的根源，一切社会现象只有在社会实践中才能找到答案。活生生的实践本身成为人类生生不息的源泉。社会生活是人们对各种社会活动的总称，社会生活的实践性主要体现为三个方面：

第一，实践是社会关系形成的基础。在物质性的生产实践中，人与自然界的关系和人与人之间的社会关系、人与自己意识的关系逐渐形成。

第二，在实践中，三大生活领域日益形成，即社会物质生活、政治生活和精神生活领域。在整个社会生活过程中，物质生产实践起了基础和决定作用。人类借助三大生活领域展示了自身的生命价值。

第三，实践中形成的生产力是社会发展的根本动力，人类正是通过发展生产力，不断由低级走向高级。

总之，全部社会生活在本质上是实践的。千百万自觉实践的人民群众正在创造着自己的历史。社会生活的全部内容就是不断进行的社会实践。实践既是人的自觉能动性的表现，也是人的自觉能动性的根源，是人的生命表现和本质特性。

三、人化自然和生态文明

在没有产生人类社会之前，物质世界仅仅指自然界。在社会实践活动中，人类社会诞生了，这样自然界与人类社会共同构成了物质世界，物质世界的内涵扩大了。从物质世界的发展过程而论，先有自然界，后有人类社会，人类社会是自然界长期发展的产物。

实践是使物质世界分化为自然界与人类社会的历史前程，又是使自然界与人类社会统一起来的现实基础。

这里说的自然界是独立于人的活动或者未被纳入人的活动范围的客观世界，其运动变化是自发的。由于实践的产生，人把自然界的一部分纳入到人的物质活动范围之内，形成了人化自然。人化自然仅是自然界与人类实践相关、且被人类改造的自然界。所以人化自然仅是自然界的一部分，而不是全部自然界，是打上了人类烙印的自然界。

人化自然与人类社会共同构成了属人的世界。属人的世界就是人在实践活动中创造的物质世界和精神世界的总和。有了属人的世界，人才有了属于自己的社会生活。

人类对物质世界的改造是对象性的活动。人类必须依赖自然界才能生存和发展。但自然界的天然状态并不完全适合人，人类通过改造自然的实践活动来满足自身生存和发展的需要。实践改造的自然对象是人类赖以生存的前提，且在改造自然对象的活动中构成了物质生活本身。在这种物质生活活动中，自然界的一部分人化了，形成了人化自然。

人是在社会活动中改造自然的，社会状况直接制约着人对自然的改造，因此人在改造自然的同时也在改造着人类社会。

人类社会是人们在特定的物质资料生产基础上相互交往、共同活动形成的各种关系的有机系统。它是在自然界发展到一定阶段上随着人类的产生而出现的。从根本上说，人类社会是人的实践活动的对象化，是人的对象世界。

人化自然与人类社会都具有客观实在性，它们相互联系相互作用。人化自然是人类社会形成的物质前提，是构成人类社会客观现实性的自然基础。没有人化的自然，人类就无法获得居住地和生产生活资料。人在实践活动中创造了人类社会，人类社会的存在和发展，又反过来影响和制约了自然界，不断改造自然界。

自从人类产生以后，自然界在人的实践活动中以新的形式延续自己的存在和发展，导致了自然的人化。人与自然的关系是在实践中形成的，始终是处于一定社会关系中，纳入社会过程的物质交换关系，是具有社会性的物质交换关系：

首先，通过社会实践活动，人使自然界的一部分变成了人化的自然，社会实践活动是人化自然形成的根源。

其次，人化的自然就是打上了人类活动印记的自然界，是人类社会的无机身体，它兼具物质属性和社会属性，而自然界只具有物质属性，如土地是人化自然，而大地则是自然界的一部分。人在与人化自然打交道时，既要遵循自然规律又要遵循社会规律。

再次，人化自然是人类生存的居住地和生产与生活资料的来源之地。人类要从自然界获取生活资料，使人不至于死亡，就得依赖人化自然。人通过劳动使自然界的某些区域变成适合人居住的某些场所，同时又通过劳动使某些自然物变成了生产生活资料。

最后，人化自然是人类一切活动的物质载体，它记载了人类活动的成就。脱离了人化自然，人类的任何活动都是幻想。人类通过改造自然界和人类社会，表达了自己的意志，展现了自己的生命活动，形成了人独有的特质，同时体现并验证了人类的这种特质，就是实践活动本身。

人不仅在实践活动中把自己从自然界中提升出来，使自然界成为自己改造的对象，而且在改造自然的过程中，人开始发展各方面的社会需要，也就有了丰富多彩的社会实践活动。其中物质生产实践处于基础的地位，主导其他实践形式。无论何种形式的实践都内在地包含着人与自然、人与社会、人与自然意识的关系，包含着物质交换、活动交换和观念的转换等内容。

总之，实践是人的存在方式，只有从实践出发才能理解社会生活的本质，才能协调人化自然与人类社会的关系。

自然界中的生物（动物、植物和微生物）相互作用，形成了特定生物群落。生物群落与特定地理环境发生作用，促进了生物群落的演化。生物群落和环境之间构成的综合体，叫作生态系统。人类既产生于生态系统中，又不断与生态系统冲突和融合，形成了对立统一的关系。

一个完整的生态系统由四个基本部分构成，即生产者、消费者、分解者和非生物环境。生产者主要指绿色植物和少数能进行光合作用和化解作用的细菌。绿色植物能把光能变成化学能贮存在有机物质中，给人类、动物和其他生物提供必要的生存品。所以，绿色植物是伟大的生产者，是其他生命的力量之源。消费者是指以生产者为食物的各种动物，如食肉动物、食草动物以及人类。他们不能直接获取太阳能，所以必须依赖生产者才能生存，这内在地存在过度吞食生产者的可能。分解者主要指细菌和其他一些微生物。它们将有机物机体及排泄物等复杂的化合物分解成简单的无机物，故而又称这些微生物为还原者。非生物环境包括温度、光照、水分、土壤、空气、矿物盐等。它们是绿色生命不可缺乏的营养物。

人作为整个生态系统中的智者，能深刻地利用和改变生态系统的内在平衡关系。虽然人类深知对生态系统保护的重要性，但是至今为止所发生的生存竞争和过度经济增长，在一定程度上，破坏了自然系统的平衡。在高科技的支配下，生态环境正在进一步恶化，这已经威胁到了自然生态的多样性存在，并引起了人类的高度重视。人类生产和生活对自然环境的不利影响，可以统称为环境问题。由于人类生产力在历史的不同阶段发展的程度不同，所引起的环境问题也不同。

在原始社会，生产工具只有木棒和双手，人类靠采集和狩猎为生。长期在一个区域采集和狩猎，会消灭该地区的一些物种，产生人类生存危机。所以为了生存人类被迫从一个地方迁徙到另一个地方。

新石器时代产生了原始农业和畜牧业，人类初步解决了渔猎时代对环境的破坏方式。但是开荒种地等粗放的耕种方式，破坏了大量的森林，使一些地区生态严重恶化，成为荒漠之地。

工业文明和城市文明产生了大量的工业和生活废弃物，上万吨的废弃物被排向大自然，引起了空气、水源、土壤、动植物的严重污染，自然界再生净化能力下降，正接近不可逆转的拐点。环境污染日益危害人类的生存和发展。

今天，人类环境危机正在把人类引向毁灭的边缘。当今人类面临的环境问题，主要有以下几个方面：

第一是空气污染严重。目前全世界的工厂和电厂每年向大气层排放的二氧化碳有200多亿吨。这导致地球温度上升，产生温室效应，引起干旱和气候异常。

第二是水源危机。由于人类用水和工农业用水迅速膨胀，世界上60%的地区面临着淡水不足的困境，40多个国家的水资源严重匮缺。同时，水源地被污染、海洋被污染，这也导致大量鱼类灭绝。

第三是森林惨遭毁灭。森林是人类的摇篮，没有森林便没有人类，可是它正遭践踏。据联合国粮农组织统计，地球上每分钟有2000平方米森林被毁。森林是自然生态系统的有机质的最大生产者和蓄积者，是"生物资源库"和"绿色蓄水库"。森林的破坏是水土流失、洪水泛滥、土地沙漠化、物种退化的主要原因。

第四是物种不断减少。据英国剑桥保护监测中心1986年的统计显示，全世界处于灭绝边缘和处于严重威胁之中的哺乳动物有406种，鸟类593种，爬行动物209种，鱼类242种，以及其他昆虫、蝴蝶等267种。在未来30年—40年中，将有6000种植物在地球上消失。由于森林被破坏，地球上原有的5000万—10000万生物物种中，现在平均每天有一个物种灭绝。预计到本世纪末，地球上的物种将损失1/5。同时，由于森林和草地的破坏，植被的大量消失，土地盐碱化和沙漠化的程度大大加深，地球上已经沙漠化和受沙漠化影响的地区高达3843万平方公里，而且正以每年100万—150万公顷的速度递增。

第五是臭氧层变薄。臭氧层可以过滤太阳紫外线，是生命在地球上生存的保护屏障。现在人类活动释放的大气污染物质主要来自于电冰箱、空调、喷雾器和某些工业生产过程排放的氟氯烃类物质，导致臭氧层破坏。现在开发氟氯烃替代物的研究虽然取得进展，但是氟氯烃类物质排放到高空后，会停留很长的时间，对消耗臭氧的作用有延续性。现在臭氧空洞继续扩大，保护臭氧层的问题仍未解决。

当代日益严重的环境问题使我们认识到，人类必须以一种全面的态度对待自然界，即对人类支配自然的强大能力进行全面的理解，以科学、道德、审美三者统一的全面尺度对自然界进行全面的利用和支配，而不要片面地对自然界进行攫取，使自然界满目疮痍。

面对当代严重的环境问题，盲目乐观和消极悲观的态度都是不可取的。持盲目乐观态度的人，违背自然界的发展规律，一味追求眼前的物质利益，一方面贪婪地向大自然索取资源，另一方面又肆无忌惮地向大自然抛洒废物，其结果必然导致大自然像野马脱缰一样失去控制，造成生态环境的崩溃。持消极悲观态度的人认为，要保持生态环境平衡，就必须扼杀科学技术进步，停止发展生产，"返璞归真"，"回到原始状态去"，重过古代田园诗般的生活，这种非历史主义的态度，必然导致历史的大倒退。正确的态度应该是把发展科学技术与生产力和保护生态环境有机地统一起来，把人类生活需要的内在尺度与生态环境规律的外在尺度有机地结合起来，提高人类利用自然的科学性与道德性，协调人类改造自然的行动，调整好人类改造自然的方向。既不要像古代那样做自然界的奴隶，也不要像工业革命以来那样做自然界的敌人，而应该做自然界的朋友，爱护自然，培育自然，建立起人与自然界的全面和谐的关系，以利于我们星球的繁荣和人类自身的生存与发展。

第二节　人类社会

一、社会物质生活条件和社会意识

社会存在也称社会物质生活条件。任何形态的物质运动都同一定的物质条件相联系，社会的运动也需要特定的物质前提条件。社会物质生活条件是指构成社会形态运动的诸物质要素的总和。它包括地理环境、人口和作为社会存在本身的生产方式。

地理环境是指社会所处的周围各种自然条件的总和，如气候、土壤、山脉、河流、矿藏以及植被和动物等等，它是社会生存和发展必要的条件。人类社会只要存在，就不可能脱离地理环境。作为社会物质生活条件的地理环境，不是指整个的无限的自然界，而是特指与社会生活相联系的那部分自然界。

人类对地理环境的依赖主要表现在以下两个方面：

第一，地理环境是人类生存的必要场所。只有在适合人类生存的地方，人类才能生存下去，并从中获取相应的生活资料。在人类早期，对地理环境的依赖直接决定了民族生活方式甚至是长远命运的不同。

第二，地理环境对于劳动生产效率、生产国国民布局、经济类型均有重要影响。天然财富的富饶程度和自然资源的多少，直接关系到一个国家、一个民族经济发展的潜力。较好的地理环境会加速社会财富的发展，较差的地理环境会阻碍社会财富的增长。

地理环境在社会发展中起着重要的作用，但不是历史变迁的决定力量。地理环境会加速或延缓社会发展，但不会决定社会的性质，更不能决定社会形态的更替。正如斯大林所说："欧洲在三千年内已经更换过三种不同的社会制度——原始公社制度、奴隶占有制度、封建制度；而在欧洲东部，即在苏联，甚至更换了四种社会制度。可是，在同一时期内，欧洲的地理条件不是完全没有变化，就是变化极小，连地理学也不会提到它。这是很明显的。地理环境的稍微重大一些的变化都需要几百万年，而人们的社会制度的变化，甚至是极其重大的变化，只需要几百年或一两千年也就够了。由此应该得出结论：地理环境不可能成为社会发展的主要的原因、决定的原因，因为在几万年间几乎保持不变的现象，决不能成为在几百万年间就发生根本变化的现象发展的主要原因。"①

资产阶级学者夸大地理环境的作用，把地理环境说成是社会发展的决定力量。例如18世纪法国启蒙思想家孟德斯鸠认为，各民族的特点、命运和社会制度是由当地的气候决定的。他认为，寒带的民族性格刚强，崇尚民主独立的制度；而热带的民族性格软弱，只能被奴役。19世纪英国学术界认为，气候、食物、土壤和地形这四个因素决定人类的生活和命运。地理环境决定论用地理条件去说明人的命运，而不是用上帝、某种神秘的精神去说明社会的变迁，具有一定合理之处。在当时，资产阶级正在兴起，十分需要摆脱神权统治，唤醒人的主观觉悟，追求现世幸福，发展资本主义经济。用地理因素说明人的行为，使人类在人间找寻自己命运的依据，这是发挥人的力量的前提之一。

自然地理环境不仅不能决定人的社会历史，而且地理环境发挥作用的程度，完全受社会发展程度制约。人类今天能广泛地利用自然资源，使从前不能居住的地方，变成人类新的居住地。随着人类实践能力的增强，自然界越来越多地打上了人类活动的印记，在越来越大的程度上变成"人化的自然"。

①斯大林：《斯大林选集》（下卷），人民出版社1990年版，第449页。

人口因素是指从事物质生产和自身生产的人们的总和。

人口因素包括人口的数量、质量（健康状况、文化程度等）、构成、分布变动等多种因素的一个综合范畴。人口因素对社会发展具有重要作用。

适度的人口状况是社会存在和发展的自然前提。马克思指出："任何人类历史的第一个前提无疑是有生命的个人的存在。因此，第一个需要确定的具体事实就是这些个人的肉体组织，以及受肉体组织制约的他们与自然界的关系。"[①]任何社会都无法脱离人和一定数量的人口而存在。人既是自然存在物，又是社会存在物。人的生产只能在特定的社会中进行。

社会发展离不开人的活动。人口对社会的发展起着或加速或延缓的作用。人口的密度、质量、增长速度适当就会对社会发展起促进作用；如果人口过密或过疏、增长速度过快或过慢、素质过低，就会妨碍社会的发展。如果人口问题过于严重，就会导致社会倒退。人口、地理环境和生产方式之间存在着恰当的比值，这就是"环境承载力"的问题。

人既是社会的推动者，又是社会发展的目的。随着社会文

---

①马克思、恩格斯：《马克思恩格斯选集》（第1卷），人民出版社1995年版，第24页。

明程度的提高，人口的质量也在迅速提高，人的全面发展正日益成为社会发展的核心问题。

在私有制社会，广大劳动人民仅是财富的生产者，无法全面完善自身。人生变成狭隘的生产者和消费者，人不再是人的目的。广大劳动人民无法接受全面教育，个体的社会觉悟较低，生活素质日益片面，个体生命的质量和活力日益脆弱，心理和精神疾病突显。人与人之间的交往变成了单一的经济往来和相互取悦，缺乏共同创造新生活的理想。

在公有制社会，广大劳动人民既是社会财富的创造者，又是社会财富的享有者，尤其是当人的全面发展成为社会发展的核心的时候。在满足人们的衣、食、住、行等日常需求的同时，教育、卫生、娱乐、公共服务、人的发展成为投资的主要方向。广大劳动人民的身心日益健康，素养日益提升，境界日益提高，创新成为人生的主色调。在工作、生活和社会行为中每个人都充分发挥着自己的聪明才智，展示着人生理想，人生更美好。

人口因素作为客观力量仅是社会发展的重要因素，不能成为社会发展的决定性力量。首先，人口因素不能决定社会制度的性质。人口的数量多并不意味社会制度一定先进；人口的数量少也不意味着社会制度一定落后。恰恰相反，人口因素只有通过特定社会制度才能发挥作用。农耕社会生产力低下，依赖更大数量的人口；而工业社会生产力较高，需要更高质量的人口。同时，社会制度决定人口的再生产。农耕社会人的体力就是生产力，生产力数量的扩张就直接表现为人口数量的扩张；而工业社会生产力的发展直接表现为科技进步，设备更新，所以生产力的发展需要有更多的受过现代教育的人口。而高科技在农业生产中的运用，导致农业人口在急剧减少。另外，社会生产方式的不同也决定了人口生产方式不同。原始社会早期，人类处于蒙昧状态，实行群婚制；到了原始社会末期由于农耕和畜牧业的发展，家庭形式实行对偶婚制度；农耕时代实行一夫一妻制，个人生活在家庭之中。而工业时代的一夫一妻制受商品经济的影响，婚外情和离婚成为普遍现象。

总之，人口因素在社会中的作用受社会发展状况制约。无限夸大人口的作用，把人口因素看成是社会发展的决定因素是错误的。英国人口学家马尔萨斯认为"人口按几何数列增长"，而生活资料"按算术数列增长"，因此人口增长超过生活资料增长数度，产生社会贫困和人口过剩。现代马尔萨斯主义者，仍旧宣传"人口过剩"是一切灾难的根源，为资本主义剥削制度进行辩护。这在理论上是荒谬的，在政治上是反动的。他们主张用战争、瘟疫等残酷手段减少人口，而不是变革社会制度。

生产方式在社会物质条件系统中起着决定性的作用。

第一，生产方式是人类社会赖以存在和发展的基础，是整个社会生活的首要前提。人们为了创造历史，必须首先解决衣、食、住、行等物质生活资料。为了获得这些生活资料，就必须进行生产。同时，也只有解决了物质生活资料，才能从事政治、科学文化、艺术、宗教等活动。物质资料的生产为其他一切社会活动提供物质条件。任何生产活动都是在一定的生产方式中进行的，脱离了特定的生产方式，生产就不可能进行。生产方式是联系自然界的纽带，也是社会有机体的"骨骼"。抽调生产方式就不会有社会本身，所以社会可以等同于生产方式。

第二，生产方式决定社会性质、结构和面貌。有什么样的生产方式，就有什么样的社会形态，一定社会的经济制度和政治制度最终都是由该社会的生产方式的性质决定的。如资本主义的生产方式决定了资本主义社会必然是商品社会、实行资产阶级统治、法制社会和追逐剩余价值。人们的各种社会关系、生活方式以及社会经济、政治和精神的整个面貌，归根到底，只有从该社会的生产方式中才能得到科学的说明。

第三，生产方式的变化决定着整个社会历史的变化，决定着社会形态的更替。随着一种生产方式转变为另一种生产方式，原有的社会形态必然被新的社会形态所代替。人类社会由低级向高级变迁的根本动力来自于生产方式的变革，来自于活跃的、不断发展的生产力。

社会意识结构指社会精神生活的总和，是由一切意识要素和观念形态组成的有机系统。社会意识是社会生活过程的反映，它建立在社会经济结构基础上，并受社会政治结构制约。社会意识一旦产生，就有自己独特的发展过程和规律，并表现为复杂而精微的结构。

从层次来划分，社会意识包括社会心理和思想体系两个层次；从社会意识主体来划分，它包括个体意识和群体意识两大类，以及作为上层建筑的意识形式和非上层建筑的意识形式。属于上层建筑的社会意识形式称为社会意识形态，主要包括政治、法律、思想、道德、艺术、宗教、哲学等。

社会存在和社会意识是辩证统一的。社会存在决定社会意识，社会意识是社会存在的反映，并反作用于社会存在。

社会生活本身是人类意识的根源，也是人类一切行为的根源。在社会实践中，人们能动地反映世界，并且限定了意识内容的范围、程度和发展方向。所以，社会意识源于社会存在。随着社会存在的发展，社会意识或早或迟地发生变化和发展。所以，社会意识又是具体的、历史的。每个时代都有自己独特的社会意识，这些社会意识的演变又表达了人类社会的一般进程，并且这种变化深深地根植于社会经济之中。

另外，社会意识还起源于人们的交往。正是交往中产生的各种矛盾促使人们有意识地对这些矛盾加以解决，所以才产生各种形式的社会意识。人们逐渐使意识脱离了单纯的生存需要，而成为对美好事物的想象和创造。这样，人的意识才能摆脱对事物的直接依赖而去构造"纯粹的"理论、神学、哲学、道德等等。这样，人才能生活在自己的世界之中。

社会意识又有其相对独立性以及独特的发展规律。主要表现在：

首先，社会意识与社会存在发展的不平衡性。由于社会经济的发展，既得的利益形成，这样就会阻碍先进思想的产生；而经济落后，会促使人们产生变革的冲动，而形成先进的思想。例如，18世纪的法国在经济上落后于英国，但在哲学方面却领先于英国；19世纪中叶的德国，在经济发展水平上落后于当时的英法，但在哲学上却高于英法；社会主义的中国在经济发展水平上落后于发达资本主义国家，但在思想领域却超过了发达的资本主义国家。

其次，社会意识各种形式之间既相互影响，又各自具有历史的继承性。人类社会的发展是综合全面的发展，同时又在不断深化。这决定了社会意识各种形式之间相互影响、又各自具有历史的继承性的特点。因为相互影响，使得各种意识形式获得了合理的内涵与外延，而不是肆意妄为地扩张。同时长期相对落后的某种意识形式，又会妨碍社会整体意识形式的发展水平。历史继承性最终促成了民族文化的形成，丰富了世界文化之林。文化继承性使人类思想具有了连续性和进步性。文化继承总是有批判地继承，历史虚无主义和复古主义均是极端有害的思想，必须批判。

最后，社会意识对社会存在具有能动性和反作用性。先进的社会意识反映了社会发展的客观历史进程，必然对社会的发展起促进作用；落后的社会意识不符合社会发展的趋势，必然阻碍社会的发展。社会意识的能动作用，必须通过人民群众的实践活动来实现，因为社会意识本身并不能实现什么，要实现理想就要诉诸实践。马克思说："批判的武器当然不能代替武器的批判，物质的力量只能用物质的力量来摧毁；但是理论一经掌握群众，也会变成物质力量。理论只要说服人，就能掌握群众；而理论只要彻底，就能说服人。"[①]一种社会意识发挥作用的程度及范围大小、时间久暂，同实际掌握群众的深度和广度密切相关。

社会存在决定社会意识的原理，宣告了唯心主义史观的彻底破产。根据这一原理，马克思主义认为社会生产力的发展推动经济关系的变革，而经济关系又决定了全部社会关系的变革，最终决定了整个上层建筑的变革，从而将社会形态的发展看作自然的历史过程，破天荒地破解了"历史之谜"，从而揭示了人类社会发展规律。

二、社会生活的基本领域

人类社会是活的有机体，它是在劳动的基础上形成的系统。其中包括社会的经济结构、政治结构和意识结构。

社会经济结构是指一定社会的物质资料的生产方式。它是

---

①马克思、恩格斯：《马克思恩格斯选集》（第1卷），人民出版社1995年版，第9页。

整个人类社会有机体的物质基础。物质资料生产方式其中包括生产力和生产关系两个子系统。

生产力是人类征服自然和改造自然的客观物质力量。生产力是满足人的物质和精神生活的需要而产生的，是人类社会不断前进的根本动力源。

生产力结构中包括三个要素，加工劳动对象的生产资料、被加工的劳动对象、从事生产活动的劳动者。

在现代生产资料系统中，生产工具系统代表了生产力发展的水平，另外动力和能源系统、运输和管道系统、自动控制和信息传递系统、仓储系统也是生产资料系统中重要的组成部分。

劳动对象包括天然存在物，如矿藏、森林、动物等等；另外还有经过加工的劳动对象，如布匹、粮食、新材料。在现代生产中新材料的研发和运用往往具有革命性的意义，它能改变生产的样式和效率。

劳动者是生产力中最活跃的因素，劳动者既是生产者，又是生产的组织者，更是生产工具的发明者。劳动者包括体力劳动者和脑力劳动者两大类。随着科技水平的提高，脑力劳动者在增加，而体力劳动者在减少，并且逐渐融合。

在现代生产力系统中，科学和教育具有前瞻性，科学和教育的突破往往意味生产力突破性的发展。科学技术不是现实的生产力，但它可以渗透到生产力系统的各要素之中，转化成物质性的生产力，推动生产力的发展。教育一方面向受教育者传播知识，另一方面向受教育者传播技能。通过提高受教育者的知识和技术水平，为生产领域输送高品质的人才。通过社会思想、理论以及管理知识的传授，向社会输送各方面的管理人才。现代国家生产力的水平已经取决于科技和教育水平，科技和教育水平已成为影响社会全面发展的重大问题。

在生产过程中，人与人之间的经济关系逐渐形成，又称为生产关系。生产关系包括三个方面，一是生产资料归谁所有，二是人们在生产中的地位和相互关系，三是产品如何分配。其中生产资料归谁所有，决定了其他两个方面，并且决定了生产关系的性质，主要表现在以下几个方面：

第一，生产资料所有制是生产得以进行的前提。只有明确了生产资料归谁所有，才能明确如何生产、为谁生产的问题，它决定了生产资料和生产者的结合方式，形成了不同的社会形态。如原始公有制、奴隶主所有制、封建主所有制、资本家所有制和共产主义公有制。

第二，生产资料所有制形式决定了整个生产关系的性质。根据所有制的性质可以分为公有制与私有制两种形式。公有制是指生产资料归全体人民所有，人们在生产中的地位是平等的，实行成果共享。私有制是指生产资料归私人所有，人们在生产中的地位不平等，劳动者受到剥削。公有制包括原始社会公有制和共产主义社会公有制，私有制包括奴隶社会私有制、封建社会私有制和资本主义社会私有制。劳动者个人占有生产资料不构成独立的生产关系，它总是依附于当时占统治地位的生产关系。

第三，生产资料所有制决定了人们在生产中的地位及相互关系。在公有制中，人们共同占有生产资料，彼此的地位是平等的，只是分工不同。从事管理工作的人员也是劳动者，不享有特权。一旦社会全体成员均有了较高的管理水平，管理就成为每一个人的职责，他们轮流管理，在管理中全面提升自己的素质。在私有制中，广大劳动人民不占有生产资料，被迫从事生产活动，完全服从资本家的管理，无法表达自己的生产意愿。在奴隶制时期，奴隶仅是会说话的工具，没有任何人身自由，奴隶主可以打骂、买卖、屠杀奴隶。

第四，生产资料所有制决定产品的分配。在社会主义公有制社会，人们实行"各尽所能，按劳分配"的原则。在共产主义社会实行"各尽所能，按需分配"的原则。在奴隶制社会，劳动产品完全归奴隶主所有，其中只有一小部分归奴隶所有。在资本主义社会资本家获得利润，工人只能获得工资。

生产关系的三个方面贯穿于社会生产过程的生产、分配、交换、消费四个领域。另外，生产关系作为生产中人与人之间的关系，不是物，可是这些关系总是同物结合着，并且通过物表现出来。人们依据经验通常认为生产关系的建立仅是人与人之间的经济往来，而忽视了彼此之间的经济关系，即社会地位的差异或一致。任何一种生产关系都表明了当时人们在社会中的命运，或平等劳动，或不平等生产。

社会政治结构是指建立在社会经济结构基础之上的政治法律设施、政治法律制度及其相互结合方式。它主要包括两个方面；一是以国家宪法为核心的政治法律制度，二是军队、警察、法庭、监狱、政府机关、政党等组织设施。政治制度是应经济基础的要求而建立的，一旦建立就作为强制性力量反过来制约、影响经济基础的发展。

在社会政治结构中，国家政权处于核心地位，体现了社会政治结构的本质。国家是阶级矛盾不可调和的产物，是统治阶级镇压被统治阶级维护政权的暴力机器。国家和阶级一样，不是从来就有的，而是社会发展到一定阶段的产物，并且随着社会的发展而消亡，不会永恒存在。

人类原始社会没有阶级，也没有国家。原始社会后期，由于出现了对抗阶级，才产生了国家。国家早期是由传统习惯和氏族首领的威信来维系的。社会管理让位给强迫性的、暴力的力量来管理，这就是国家。国家之所以产生，是因为"这个社会陷入了不可调和的自我矛盾，分裂为不可调和的对立面而又无力摆脱这些对立面。而为了使这些对立面、经济利益互相冲突的阶级，不致在无谓的斗争中把自己和社会消灭，就需要有一种表面上凌驾于社会之上的力量。这种力量应当缓和冲突，把冲突保持在'秩序'的范围以内；这种从社会中产生但又居于社会之上并且日益同社会相异化的力量，就是国家"[①]。

国家的维系主要靠强制性的暴力手段以及征收赋税来实现。首先，国家是暴力机器，是统治阶级维护自身利益的手段。其次，国家又是社会管理机构，为社会和经济服务。国家政治统治只有在它执行了各种社会职能时才能持续下去。国家

[①]马克思、恩格斯：《马克思恩格斯选集》（第4卷），人民出版社1995年版，第170页。

在产生之日起就没有放弃管理社会的职能，无论是社会经济、文化、日常生活均在国家的管理之中。另外国家还管理对外事务，增加本民族福祉。但是，国家的阶级本性并不会因社会职能而改变。只有经过无产阶级专政这种国家形式，随着阶级消亡，国家才会将自己的管理职能让位给社会本身，国家因此而走向消亡。国家消亡是一个漫长的历史过程。

国家职能是通过国体和政体来实现的。国体是指国家的阶级性质、阶级内容，它表明国家政权掌握在哪个阶级手里，社会各阶级在国家中各处何种地位；政体是指国家政权的组织形式，它表明统治阶级用什么样的形式和手段实现自己的统治。根据国体可以把国家划分为四种类型：奴隶主阶级专政的国家、封建主专政的国家、资产阶级专政的国家、无产阶级专政的国家。一般说来，国体决定政体，政体服从于国体；政体为国体服务，对保证国家的性质起重要作用。民主政体和专制政体是两种最基本的政体形式。奴隶社会和封建社会均实行专制政体。资本主义社会和社会主义社会均实行民主专政。资本主义社会的民主维护的是资本家赚钱的利益，是少数人的民主。社会主义社会的民主维护的是广大劳动人民的利益，是人民当家做主，是对资本主义社会民主的超越和发展，具有巨大的优越性。由于社会主义是在资本主义社会基础上发展起来的，难免有旧社会的痕迹，所以社会主义民主的完善是长期的历史任务。尤其是在落后国家搞社会主义民主，将面临更加艰巨的任务。

在研究国家政体时，不仅要结合国体，也要结合国情。同一国体，可以因国情不同而拥有不同的政体。例如，同样是奴隶主阶级专政的国家，就有君主制、贵族共和制、民主共和制三种政体形式。封建地主阶级专制的社会也有君主制和共和制两种形式。资产阶级专政的国家也有民主共和制、君主立宪制、法西斯制三种形式。另外，有些资本主义国家因阶级斗争和力量对比的变化，交替实行民主共和制和君主立宪制。不管政体如何变化，国体的性质始终不能改变。凡是剥削阶级的国体，其政体总是维护统治阶级的利益，掠夺广大劳动人民的利益。资产阶级大谈全民"自由"、"平等"、"民主"，这是对广大劳动人民的欺骗。

社会意识结构是指社会精神生活的总和，是由一切意识要素和观念形态组成的有机系统。社会意识是社会生活过程的反映，它建立在社会经济结构的基础上，并受社会政治结构的制约。社会意识一经产生，就有自己独特的发展过程和规律，并表现为复杂而精微的结构。

从层次来划分，社会意识包括社会心理和思想体系两个层次；从社会意识主体来划分，它包括个体意识和群体意识两大类。

社会心理是人们不系统、不稳定、处于自发状态的社会意识。它包括个人心理、职业心理、集体心理、阶层心理、民族心理、时代心理等。心理具体表现为一定的情感、意愿、风尚、习惯等。社会心理直接支配人们的行为。通常所说的"民心"、"民意"，就是指社会心理。

社会思想体系是系统化、抽象化、自觉创立的社会意识。社会思想体系具有阶级性，叫社会意识形态，它包括政治思想、法律思想、道德、宗教、艺术、哲学和绝大部分社会科学。它们并不表达全体社会成员的心愿，总是服务于特定的经济基础，并对其他阶级的利益加以排斥，所以具有阶级性。另一类社会思想体系，不具有阶级性，可以为全体社会成员服务。如自然科学、语言学、逻辑学。它们并不是特定经济基础的反映，而是人类社会发展的产物。社会意识形态是以社会心理为原材料，由专家经过缜密的思考加工而成，它内化成人们的思想、情感、意识，长期支配人们的行为。

个人意识是个人经历和处境的反映。它包括个人对自身的意识、个人对社会的意识和个人对自然的意识。个人意识千差万别，丰富多彩，具有鲜明的个性。群体意识是人类群体的社会地位、社会经历及其共同利益和与整个社会生活的关系在该群体成员头脑中的反映。群体意识包括家庭意识、集体意识、团体意识、阶层意识、阶级意识、民族意识、社会整体意识等。不同的群体意识各具特色，并相互渗透，形成了错综复杂的关系。个体意识和群体意识相互依存、相互渗透。首先，个体意识受群体意识影响，决定了个人成长的方向。其次，个体意识可以转化成群体意识，推动了社会意识的发展。在阶级社会，阶级意识始终起主导的作用，决定了个人意识和群体意识的走向。

艺术是通过塑造具体生动的形象来反映社会生活的意识形式。它靠形象来表现人们对社会生活的理解、情感、愿望和意志，按照审美的感染力来影响人的思想情感和社会生活。

宗教是统治人们日常生活的外部力量在人们头脑中的幻想的反映。宗教本质上是一种"颠倒的世界观"，用对神灵的信仰和崇拜来支配人们的命运。宗教是人类早期生产力低下、愚昧无知的反映。人们不解于各种自然和社会现象，而用幻想来填充知识的空白，从而产生了各种形式的宗教观念。在阶级社会，宗教最初是被压迫人们对现实苦难的叹息和抗议，后来被统治阶级所利用，成为麻醉人民的思想工具。宗教将长期存在，影响社会的政治、经济和文化的发展。社会主义社会主张信教自由、宗教爱国。在改革开放过程中，要防止境外敌对势力利用宗教进行渗透。马克思主义认为，宗教是一种历史现象，随着历史的发展，宗教将消亡。这首先要通过生产力的发展和生产关系的变革，同时还要大力提高人民的物质和文化生活水平。科学和唯物主义是宗教的死敌。科学的每一次重大发现，都沉重地打击了宗教。18世纪欧洲天神论者，在反宗教斗争中都曾做出了卓越的贡献。但是消除宗教对人类的影响，将是长期的历史任务。

哲学是系统化、理论化的世界观，它以世界观的高度引领人类的思想和行为，更深刻、更完整化了人们对世界、社会的总意识。

政治法律思想包括政治思想和法律思想。政治思想是社会政治关系、政治制度和设施的观点、理论的总和，法律思想是社会法律的关系、法律规范和设施的观点、理论的总和。政治法律思想是国家本质的反映，在社会意识形态中居于核心地位，起主导作用。

三、社会基本矛盾及其运动规律

人类要想生存就必须不断地生产，从而引起生产力不断地变革，进而引发生产关系的变革，推动了上层建筑的变化。生产力和生产关系、经济基础和上层建筑的矛盾，存在于一切社会之中，贯穿于人类社会的始终，规定着社会的性质和历史的进程，决定着人类社会历史各种矛盾的产生和发展，是社会发展的基本动力。

在生产方式内部，生产力是它的物质内容，生产关系是它的社会形式。物质生产力是最革命、最活跃的因素，处于永恒的变化发展之中。历史上的每一代人的生产活动都是在继承前一代人创造的生产力基础上不断地创新，从而促使生产力从低级向高级发展，由此构成了以物质生产力为基础的人类历史的连续性。生产关系作为生产方式的社会形式，它与一定的生产力相适应，并保持自己相对稳定的性质，从而使历史发展呈现出阶段性。生产力发展的变动性和革命性，总要打破生产关系的稳定性，排斥与之不相适应的生产关系，要求与之相适应的生产关系，使历史表现为不可逆转的发展过程；生产关系的相对稳定性，总是体现着一定的生产力水平，同具体的生产力状况相适应，使历史表现为依次进展的阶段性。这就是由生产力和生产关系的矛盾而构成的人类历史发展的连续性与间断性、前进性与阶段性的对立统一。

在生产力与生产关系的矛盾运动中，首先表现为生产力决定生产关系。这主要是表现在生产力决定生产关系的性质和生产力决定生产关系的变革这两个方面。一定的生产关系总是适应一定的生产力发展状况而建立起来的，当生产力发展到一定阶段，便同原来的生产关系发生尖锐的矛盾，要求冲破旧的生产关系的束缚，建立起同生产力发展相适应的新的生产关系。同时，生产关系又对生产力的发展具有巨大的反作用。这主要表现为两种情形：一是生产关系如果适合生产力发展的状况，它就能为生产力的迅速发展提供合理的"形式"。因为这时的生产关系能够使劳动者与生产资料较好地结合，在一定程度上满足劳动者的物质利益，激发劳动者的生产积极性，从而促进生产力的发展；二是生产关系如果不适合生产力发展的状况，生产关系就会变成阻碍生产力发展的"桎梏"。因为，这时的生产关系已不能把劳动者与生产资料很好地结合起来，损害了劳动者的物质利益，伤害了劳动者的生产积极性。在这种情况下，只有用新的生产关系代替旧的生产关系，才能使生产力得到解放。

生产力与生产关系的矛盾运动，在生产方式发展的不同阶段具有不同的状况。一种新的生产关系建立以后，在一定时间内总是同生产力的发展水平相适应，对生产力的发展起着积极的促进作用。在这种时期，生产关系同生产力的矛盾表现为生产关系的某些环节的缺陷同生产力不相适应，它们的矛盾运动处于相对稳定的量变状态。当生产力发展到一定程度，原来基本适应生产力发展的生产关系就会变成陈旧落后的东西，生产力与生产关系的矛盾运动就由量变状态转化成质变状态，最后导致生产关系的根本变革。生产关系与生产力之间由基本适应到基本不适应，经过矛盾的解决，新的生产关系代替旧的生产关系，又由基本不适应到基本适应，从而在新的基础上开始生产力与生产关系之间的新的矛盾运动。由此便构成生产方式从低级到高级的依次更替。

生产力和生产关系之间的矛盾运动，揭示了它们之间的内在的、本质的、必然的联系，即生产关系一定要适合生产力状况的规律。这一规律是生产力决定生产关系和生产关系反作用于生产力的对立统一。

在生产领域的变化必然引发经济领域和上层建筑的变革，从而引发了人类社会的全面变革，这就是经济基础和上层建筑之间的矛盾。

经济基础和上层建筑是辩证统一的。首先，经济基础决定上层建筑。当某种经济关系逐渐占据社会经济领域统治地位时，它必然要求上层建筑中的思想观念和国家政权发生革命性的变革，以适应经济基础发展的需求。新的占统治地位的经济基础一旦建立，就决定了上层建筑的性质必须与之相统一。有什么样的经济基础，就会产生什么样的上层建筑。最终，随着经济基础的变革，全部上层建筑也或慢或快地发生变革。

其次，上层建筑对经济基础具有能动的反作用。上层建筑服务于经济基础。先进的上层建筑打击残余的旧的上层建筑因素，促进自己的经济基础形成、巩固和完善。上层建筑通过调控社会生活各领域，服务于经济基础。总之，当上层建筑适应经济基础发展要求时，就起促进作用；当上层建筑不适应经济基础发展要求时，就起阻碍作用。

在现实社会发展中，生产力和生产关系的矛盾运动与经济基础和上层建筑的矛盾相统一，彼此无法脱离，共同促进了社会的发展。首先生产力和生产关系的矛盾决定和制约着经济基础和上层建筑的矛盾，是更为根本性的矛盾。其次，生产力和生产关系矛盾的解决，又依赖于经济基础和上层建筑矛盾的解决。当生产力发展到一定程度时，便和现有的生产关系发生冲突，需要社会革命或改革生产关系。当生产力和旧有生产关系只有部分不适应时，可以通过借助上层建筑的力量，由上到下地变革旧有的生产关系。当生产力和旧有的生产关系完全相冲突时，就必须变革已经过时了的经济基础和上层建筑，夺取国家政权，废除旧的生产关系，建立适合新生产力发展的新的生产关系，解放和发展生产力。

四、人民群众创造历史的伟大作用

在对待社会历史发展问题及其规律问题上，历来存在着两种根本对立的观点：一种是唯物史观，另一种是唯心史观。在马克思主义产生之前，唯心史观一直占据统治地位。它的主要缺陷是：第一，考察了人们活动的思想动机，但没有探究思想动机背后的物质动因和经济根源，因而从社会意识决定社会存在的前提出发，把社会历史看成是精神发展史。第二，根本否认社会历史的客观规律，根本否认人民群众在社会历史发展中的决定作用，夸大了个人在历史发展中的作用。

马克思发现了人类社会发展的规律，科学地解决了社会存在与社会意识的关系问题，创立了唯物史观，使人类对自己的历史第一次实现了科学的认识。马克思在1859年总结自己的理论和实践活动时，明确指出："人们在自己生活的社会生产中发生一定的、必然的、不以他们的意志为转移的关系，即同他们的物质生产力的一定发展阶段相适合的生产关系。这些生产关系的总和构成社会的经济结构，即有法律的和政治的上层建筑建立在它的基础上、并有一定的社会意识形式与之相适应的现实基础。物质生活的生产方式制约着整个社会生活、政治生活和精神生活。不是人们的意识决定人们的存在，相反，是人们的社会存在决定人们的意识。社会的物质生产力发展到一定阶段，便同它们一直在其中运动的现存生产关系或财产关系（这只是生产关系的法律用语）发生矛盾。于是这些关系便由生产力的发展形式变成生产力的桎梏。那时社会革命的时代就到来了。随着经济基础的变更，全部庞大的上层建筑也或慢或快地发生革命。"①这一段话深刻地概述了唯物史观的基本思想，是我们考察人类社会历史及其发展规律的基本理论依据。

----

①马克思、恩格斯：《马克思恩格斯选集》（第2卷），人民出版社1995年版，第33页—34页。

历史是人们活动的结果。谁是历史的创造者？人民群众在历史上的作用如何？这是十分重大的社会历史观问题。唯物史观第一次科学地解决了这些问题。

人通过实践活动确立了自己在历史中的主体地位。在具体的社会发展阶段，每一个人都在一定程度上参与了历史活动，或多或少地对社会历史产生影响。然而并不是所有的人在历史发展中都有着相同性质和同等程度的作用。在历史观方面，是英雄、少数杰出人物创造了人类社会，还是人民群众创造了历史，这是唯心史观与唯物史观的根本分水岭。

在19世纪40年代中期，马克思、恩格斯同唯心主义者、青年黑格尔派代表人物鲍威尔兄弟进行过一场论战。鲍威尔兄弟认为，历史中起决定作用的是"英雄"的精神，而人民群众仅是惰性因素。马克思、恩格斯针锋相对地指出，"历史活动是群众的事业"，决定历史发展的是"行动着的群众"。[①]

唯心史观否认生产方式是社会发展的决定力量，抹杀人民群众的历史作用，主张社会意识决定社会存在，形成了唯意志论和宿命论两种基本的唯心史观。

---

①马克思、恩格斯：《马克思恩格斯选集》（第2卷），人民出版社1995年版，第104页。

唯意志论史观片面夸大极少数英雄人物及其思想、意志在社会发展中的作用，认为历史是由英雄豪杰、帝王将相、立法者、思想家创造的，否认广大人民群众的历史作用。中国历史上，历代王朝的许多政治家和思想家都认为"圣人"的作用决定兴衰，人民只有在他们的教育下才能正常生活。韩愈说，"有圣人者立，然后教之相生养之道"，"如古之无圣人，人之类灭久矣"（语出《原道》）。梁启超说，大人物"心理之动力稍易其轨而全部历史可以改观"，"中国全部历史如失一孔夫子，失一秦始皇，而局面将全变"。18世纪法国启蒙思想家认为个别天才人物发现的"理性"和"正义"是历史前进的动力。19世纪英国的托马斯·卡莱尔说：全世界的历史上所进行的一切，"实际上都是降生到这个世界上来的伟大人物的思想的外在的物质的结果，是他们的思想的实现和体现。这些伟人的历史真正构成了全部世界历史的灵魂"。俄国民粹派把人民群众视作"群盲"，认为他们不过是一连串的"零"，少数英雄人物才是"实数"，只有把"实数"放到"零"的前面，方能构成有效的实数。德国哲学家尼采竭力否认人民群众的作用，大肆宣扬"超人哲学"和"权力意志论"，认为少数英雄有发号施令的权力，而且这些权力是"与生俱来的"。英雄可以决定群众，群众是多余的人，是供英雄实验的材料，群众只是"一大堆多余的废品，一片瓦砾场"。这种极端仇视人民群众的反动思想，后来为德国希特勒法西斯分子所崇奉，成为帝国主义推行侵略政策和扩张政策的工具。

宿命论唯心史观认为决定社会发展的是某种神秘的精神力量，如"上帝"、"神"、"绝对精神"等等，而人间的英雄则是诸如此类精神力量的体现者或者受托人。英雄史观是一切旧社会历史观的共同理论特征。即使是早期唯物主义者们在历史创造者问题上虽然有重民思想，但也不例外。例如有些开明的君主或者思想家的关于"民为贵，君为轻，社稷次之"、"民可载舟，亦可覆舟"等贵民、重民的思想，就属于这一类。但是重民思想仅是从维护统治阶级利益的角度出发，并不是承认人民群众对历史的创造作用，而且重民思想并不占主导地位。因此，他们仍旧主张英雄史观。

我们可以把历史唯心主义长期占据统治地位的根源归结如下：

第一，社会根源。英雄史观的产生总是同社会生产力低下，大多数人从事物质资料的生产活动，少数人从事政治统治、垄断精神文化生活有关。广大劳动人民始终处于被剥削、被压迫的地位，人民创造历史的积极性无法发挥。再加上社会发展缓慢，生产规模小，不易发现物质生产对社会发展的巨大推动作用，因此看不到人民群众的作用。

第二，认识根源。人们往往只看到在社会发展中发挥显著作用的少数英雄，而没有发现他们行为背后深刻的物质动因。制造蒸汽机的广大工人默默无闻，发明蒸汽机的瓦特却名垂千古。人们很容易看到站在历史舞台中央的诸如领导人物的性格、爱好、修养等偶然性因素起的作用，而看不到人民群众的创造作用。

第三，阶级根源。统治阶级出于自身统治的需要，也容易夸大自己的领导作用，同时贬低人民群众的觉悟和才智。

毛泽东在写给延安评剧院的信中说："历史是人民创造的，但在旧戏台上（在一切离开人民的旧文学旧艺术上），人民却成了渣滓，由老爷太太少爷小姐们统治着舞台，这种历史的颠倒，现在由你们再颠倒过来，恢复了历史的面目，从此旧剧开了新局面。"唯物主义群众史观的创立，把几千年来颠倒了的历史再颠倒过来，在思想中恢复了人民群众创造历史的地位。

人民群众是一个历史范畴。人民群众从质上说是指一切对社会历史发展起推动作用的人们，从量上说是指社会人口中的绝大多数。在不同的历史时期，人民群众有着不同的内容，包含着不同的阶级、阶层和集团。人民群众的最稳定的主体部分始终是从事物质资料生产的劳动群众及知识分子。

首先，人民群众是社会物质财富的创造者。人民群众之所以是人类社会历史的创造者，在于他们是生产力的体现者，是推动历史进步的伟大力量。人类要生存发展，就要解决吃、穿、住、用等必需的物质生活资料，否则就根本谈不上从事政治、科学和艺术等其他社会活动，也无所谓人类社会生活和人类历史。在生产劳动中劳动群众不断积累和传播生产经验，不断改进和发明生产工具，促进了社会生产力的发展。现代科技的兴起，脑力劳动者日益重要。广大科技工作者在现代社会生产中的地位日益突显，表明了群众创造历史观点的正确性和真理性。

其次，人民群众是社会精神财富的创造者。人民群众通过物质生产实践活动为全社会的精神财富生产提供了必要的物质条件和设施。人民群众的生活、实践活动是一切精神财富、精神产品形成和发展的源泉。一切科学理论，一切有价值的文学艺术，归根到底都来自于人民的实践。著名的《本草纲目》是历代药物学家、医学家总结人民群众的生产和生活经验，不断丰富和发展，再由李时珍加工整理而成的。在农业科学方面，南北朝时期的《齐民要术》、元代的《王祯农书》、明代徐光启的《农政全书》等，也是直接总结劳动群众的农业生产和饲养经验写成的。人民群众的生产和生活，蕴含着文学艺术的丰富矿藏。许多世界名著，如《水浒传》、《三国演义》、《西游记》、《浮士德》等，都是在民间流传下来的传说故事的基础上修琢提炼而成的。作为重要的精神财富生产工具的语言，也是人民群众的创造，丰富生动的语言也存在于人民群众之中。

最后，人民群众还是变革社会制度的决定力量。社会变革与社会革命的主体始终是人民群众。人民群众的长远利益和社会历史发展进程始终保持高度的一致。所以当腐败的统治者阻碍先进生产力的发展、阻碍历史进步时，就会与广大劳动人民的根本利益发生冲突，人民群众就会奋起反抗，成为创造历史的革命者。"人民，只有人民，才是创造历史的动力。"[①]

人民群众创造历史会受到一定社会历史条件制约。现有的社会经济状况对人民群众创造历史具有决定性意义。当时社会的生产力水平，是人民群众活动的物质条件和基础，它决定了

---

①毛泽东：《毛泽东选集》（第3卷），人民出版社1991年版，第103页。

人民群众的经济地位、经济利益和生产作用的性质和大小。政治条件对人民群众创造历史具有直接作用。私有制社会人民群众的社会地位低下，束缚了人民群众创造历史的积极性，他们的聪明才智得不到发挥，不知埋没了多少人才。在革命时期，人民群众才能呈现创造历史的英雄气概。在社会主义时期，人民群众成为社会的主人，他们的政治热情被充分调动，他们创造自己历史的决心日益坚强。毛泽东在全国解放前夕预言："中国人民将会看见，中国的命运一经操在人民自己的手中，中国就将如太阳升起在东方那样，以自己的辉煌的光焰普照大地，迅速地荡涤反动政府留下来的污泥浊水，治好战争的创伤，建设起一个崭新的强盛的名副其实的人民共和国。"①精神条件也是制约人民群众活动的重要因素。文化传统和意识形态或者积极或者消极地影响人民群众创造历史的活动。科学文化水平的高低是一个重要精神标尺。人民普遍文化水平低，就不能真正参加政治。全体居民都参加管理工作，既需要政治制度，又要有文化水平。

群众史观是无产阶级政党的群众观点和群众路线的理论基础。群众观点就是坚信人民群众自己解放自己的观点，全心全

①毛泽东：《毛泽东选集》第4卷，人民出版社1991年版，第1356页。

意为人民服务的观点，一切向人民群众负责的观点以及虚心向群众学习的观点。群众路线是在群众观点指导下形成的，是群众观点在实际工作中的贯彻运用。在我国的民主革命时期，以毛泽东为主要代表的中国共产党人，依据马克思主义的群众史观，创造性地提出了党的群众路线，即一切为了群众，一切依靠群众，从群众中来，到群众中去的路线。群众路线是无产阶级政党的根本路线，是我们党在民主革命时期战胜敌人的重要"法宝"之一。

我们党在新的历史时期进一步强调了群众观点和群众路线。把最广大人民群众的利益和愿望作为制定各项方针政策的出发点和归宿。邓小平理论、"三个代表"重要思想强调要代表最广大人民的根本利益，科学发展观主张"以人为本"，这些都进一步坚持和发展了人民群众创造历史的观点。在建设中国特色社会主义的伟大实践中，我们要牢固树立群众观点，始终坚持全心全意为人民服务的宗旨。

主张人民群众是历史的创造者，并不否认个人在历史上的作用。唯物史观从人民群众创造历史这一基本前提出发，科学地说明了个人在历史上的作用。

每个人尽管在历史上发挥作用的性质和程度各有不同，但都会在历史上留下自己的印记。离开了每一个个人的作用也就不可能有群众的作用。

唯物史观主张在考察个人的历史作用时，要具体分析个人及其作用的性质、大小。个人是指社会群体中单个的成员，是社会的一个"分子"。个人在历史上的作用存在着差别。有的人作用大些，可以称之为历史人物；有的人作用小些，可以称之为普通个人。有的人对历史发展起促进作用，可以称之为杰出人物；有的人对历史发展起阻碍作用，可以称之为反动人物。杰出人物按社会职能可分为政治领袖人物和其他杰出人物（如思想家、科学家、文学家和艺术家等）。在分析或评价个人在历史上的作用时，要坚持历史的、具体的观点，不应简单化。

历史人物的历史作用重大。历史人物对历史事件有深刻影响，甚至有时能够决定个别历史事件，从而导致历史发展发生这样或那样的重大变化。首先，历史人物是历史事件的当事者。其次，历史人物是实现一定历史任务的主要倡导者、发起人、组织者和领导者。在历史发展进程中，历史人物首先发现或提出来新的历史任务。另外，他们比一般人站得高、看得远，解决历史任务的愿望比别人强烈。历史人物这一心理也决定了他们成为历史人物的个人因素。

有些占统治地位的剥削阶级的政治代表，在特定的条件下，运用其权力满足社会某些方面的需要，对历史发展也会起某种甚至是重大的促进作用。杰出的科学家、思想家、艺术家、教育家等的创造性活动，对于人类科学文化的发展和社会进步，有着巨大的推动作用。

任何历史人物的出现，特别是杰出的政治人物的出现，都体现了必然性与偶然性的统一。时势造英雄，杰出人物的出现具有社会历史的必然性。每个时代都会产生时代英雄。但是究竟谁是英雄，具有一定的偶然性，不是"命中注定"。

另外，杰出人物会因其智慧、性格因素对社会进程产生影响，但这些作用仅仅是历史进程中的偶然性现象。我们必须明确，不管什么样的历史人物，在历史上发挥什么样的作用，都要受到社会发展客观规律的制约，而不能决定和改变历史发展的总进程和总方向。

如果看不到历史人物活动的社会制约性，割裂必然与偶然的关系，就势必会夸大个人的作用，进而否定或歪曲历史发展的规律。

历史人物的作用取决于他们的思想、行为是否符合社会发展规律，是否符合人民群众的意愿。只有顺应历史发展的要求和人民群众的意愿，历史人物才能起到推动社会前进的积极作用，否则，违背了社会历史发展的规律性或必然性，历史人物也会走向反面。

评价历史人物必须坚持科学方法。阶级和历史的分析法是通用的方法。

阶级社会中的历史人物不可避免地要受到特定阶级关系的制约，要反映或代表一定阶级的利益和愿望，具有阶级局限性。一定的阶级总是要推举或产生出自己的代表人物，以表达自己的利益和愿望，因而历史人物的作用受到阶级的制约；历史人物的命运，也往往同他所属的阶级的兴衰沉浮息息相关。在历史上，阶级的局限性决定了它的代表人物的局限性。离开了一定的阶级背景，就难以理解历史人物的产生、作用及其性质。马克思在《路易·波拿巴的雾月十八日》一文中，对为什么路易·波拿巴这样"一个平庸而可笑的人物有可能扮演了英雄的角色"做了精辟的阶级分析，堪称用历史分析方法和阶级分析方法来评价历史人物的典范。

历史分析方法要求从特定的历史背景出发，根据当时的历史条件，对历史人物的是非功过进行具体的、全面的考察。第一，要尊重历史事实，如实反映历史人物与当时社会历史条件的关系。脱离具体的历史条件，用现代人的标准苛求前人，也是不可取的。第二，如实反映历史人物的历史作用和历史地位。无视历史人物的历史局限性，夸大或过分美化古人的历史作用是不对的。第三，判断历史人物的历史功绩，要看历史人物提供了什么新的东西。第四，同一个历史人物，在不同的历史时期可能会有不同的历史作用，有时甚至会有性质相反的历史作用。

无产阶级领袖不同于以往历史上的杰出人物，因为他们所代表的是历史上最革命、最先进的阶级，他们在革命和建设中发挥了重大作用。但无产阶级领袖是人而不是神，必然受到一定历史条件的限制，有时也会有这样或那样的失误。评价无产阶级领袖人物，同样应该坚持历史分析方法和阶级分析方法。对于他们的功绩和失误，应放到特定的历史条件下来认识，做出实事求是的评价。要正确评价无产阶级领袖人物，还必须正确认识领袖与群众、阶级和政党之间的关系。

社会主义事业是一场伟大的事业，它需要伟大的政党来领导。无产阶级的政党通常是由最有威信、最有影响、最有经验、被选出担任最重要职务而称为领袖的人们所组成的比较稳定的集团来主持的。无产阶级的领袖具有以往任何阶级的杰出代表所不可比拟的优秀品质和伟大作用。第一，他们既是实践家又是理论家。他们走在运动的最前面，领导群众。他们有较高的理论素养，能比群众站得高看得远，了解社会发展的一般规律。第二，他们从党、阶级、群众的利益出发，而不是从个人或小集团的利益出发。他们真正做到了一心为公、一切为公，心甘情愿地做人民群众的公仆，全心全意地为人民群众谋利益。他们最富有彻底的革命精神，坚持无产阶级的革命原则，敢于斗争，善于斗争。第三，坚持团结，遵守纪律，作风民主，无限信任群众，一切依靠群众。第四，谦虚谨慎，善于进行批评与自我批评。

群众、阶级、政党必须有自己的领袖。没有领袖的组织和领导，群众斗争就会陷于涣散；如果没有政治上成熟的领导集团或领袖，无产阶级革命和建设事业就会遭到挫折。同时，无产阶级领袖在历史上的作用，取决于他们对历史发展规律的认识程度以及同人民群众的结合程度。无产阶级领袖在促进社会历史进步中作出了巨大贡献，在人民群众中享有崇高的威望，深受群众爱戴。在新的历史条件下，仍然需要尊敬领袖，发挥领袖的作用。但不能夸大个人作用，搞个人崇拜。神化领袖、使领袖脱离群众的个人崇拜，只能损害无产阶级的事业。

第二章　人的生活世界

社会历史的根源是人的现实生活本身。人的需求产生了生活活动，人的意识源于生活活动，人的历史是生活本身的结晶。

第一节　人的生活世界的本质

一、人用生活超越生命活动

世界万物可以分成两类，一类是生命现象，另一类是非生命现象。生命现象是非生命现象长期进化的结果。这种进化是自然的历史过程。

生命可以分为人的生命和非人的其他生物的生命。非人的其他生命是"纯自然"的存在，而人的生命不仅是"自然"的存在，而且是不断自觉超越现实的存在，这就表现为生活。

生活与生存是人与动物生命的本质差异。生存仅是适应现有的自然条件。而生活是不断的创造性的活动，它使人不断地觉悟，并把主观意志不断外化成客观的社会生活。关于动物和人的活动的区别，马克思有过精彩的论述，他提出："动物和自己的生命活动是直接同一的。动物不把自己同自己的生命活动区别开来。人则使自己的生命活动本身变成自己意志的和自己意识的对象。他具有有意识的生命活动。……有意识的生命活动把人同动物的生命活动直接区别开来。"①关于动物与人的根本区别在于：动物仅仅利用自然界，简单地通过自身的存在在自然界中引起变化，而人则通过他的行为改变自然界并使自然界为自己的目的服务，从而支配自然界。这便是人同其他动物的最终的本质的差别。人之所以去创造生活，不是适应环境，在于人没有生物本能，只能凭劳动去生活。这种劳动，不仅是需求的满足，更是人对万物意识的对象化表达。人把自己的美好愿望充分地表达出来，就实现了人的生命和生活。而动物没有自己的生命愿望，只有生理需求。正因如此，人的生命活动就不再是纯粹的适应自然以维持自身肉体存在的方式，而

①马克思：《1844年经济学哲学手稿》，人民出版社2000年版，第57页。

是改变自然以创造人的世界的生活方式。

动物只是按照自己所属的物种的尺度去适应自然的活动，而人的生命活动则是既按物的尺度也按人的尺度去认识世界和改造世界。马克思指出："动物只是按照它所属的那个种的尺度和需要来构造，而人懂得按照任何一个种的尺度来进行生产，并且懂得处处都把内在的尺度运用于对象；因此，人是按照美的规律来构造。"①例如，食草动物只能依赖天然的草丛，而不会种植；食肉动物只能依靠大自然的恩赐，而不会养殖；人则可以种植和养殖，以满足自身的需求。

人更加伟大之处在于，动物只是按照自己的物种去行动，而人却能统一"任何物种的尺度"，实现"多样性的统一"。这种"多样性的统一"，不单是满足人的日常所需，更加重要的是人是按照人的"内在固有的尺度"来统一万物，形成属人的美的世界。所以，人的生活是"按照美的规律来塑造"的生命活动。

二、创新是生活的本质

历史不仅是时间概念，更是内涵概念。任何事物在历史面

---

①马克思：《1844年经济学哲学手稿》，人民出版社2000年版，第58页。

前，均应获得发展的权力。

发展是前进性的运动。宇宙中的一切事物均处于运动、发展之中。关系是联系人与物的纽带。马克思认为动物没有与外界建立关系的可能和必要。因为动物只是获取所需，并不需要通过外界证明自己。所以马克思指出，"动物不对什么东西发生'关系'，而且根本没有'关系'"，因为"凡是有某种关系存在的地方，这种关系都是为我而存在的"①。

人是有意识的生命体。人只有意识到人不同于自然界的万物，不同于旧有的存在，并证明自己的独特，他才会感知自己的生命。所以，人的生命是超越。而超越就是建立新的关系，打破旧的关系，使人的内涵不断丰富，即处于发展之中。

在发展中，人不断改造一切，使之符合自己的理想，创造属人的世界。人通过创新证明我与被创造物有某种关系。

人的创新不是全盘否定过去，而是对过去采取既克服又保留的态度，因而在创新中总是包含旧事物中积极的因素，从而形成了人独特的存在方式。这种独特的存在方式就是历史。

马克思的唯物史观不是考古学的历史时间概念，而是人的

①马克思、恩格斯：《马克思恩格斯选集》（第1卷），人民出版社1995年版，第81页。

生活形成概念。这种生活历史观证明历史是现实人与历史人的统一。历史人是现实人存在的前提，现实人是历史人的结果。所以，人是自己实践的前提，也是自己实践的结果。

脱离人的辩证存在，即脱离"前提"与"结果"的辩证关系，就不会有人的产生和存在。正是人以自己为"前提"，又为"结果"，才开始了人类的发展史。

创新是一个民族进步的灵魂，是一个国家兴旺发达的不竭动力，也是一个政党永葆生机的源泉。实践基础上的理论创新是社会发展和变革的先导。通过理论创新推动制度创新、科技创新、文化创新以及其他各方面的创新，不断在实践中探索前进，是我们的治党治国之道，是坚持和发展马克思主义之道。

理论创新是在继承的基础上，不断吸取新的实践经验、新的思想形成新认识的过程。它源于实践又指导实践。在实践基础上的理论创新，能够在更高层次上引领和推动实践活动的开展。

人类主体总是受目的性和能动性的驱使，要求外部客观世界满足自身的需要。然而客观世界是按照固有的规律运行的，不可能自动地满足主体的愿望和需要，因而主观和客观就处于矛盾状态之中。主观和客观的矛盾是人类实践活动中的最普遍、最根本的矛盾。人类在变革现实的实践活动中，正确地解决主观与客观的矛盾，科学地认识世界和改造世界，建设了一个人与自然、人与社会以及人与人协调统一的和谐世界，为人类营造一个美好的家园。

人类营造一个美好的家园，也就是从必然走向自由的过程。由必然到自由表现为人类不断地从必然王国走向自由王国的过程。必然王国和自由王国是人类在客观世界面前所处的两种不同的社会活动状态。马克思在谈到"必然王国"与"自由王国"时曾经写道："自由王国只是在必要性和外在目的规定要做的劳动终止的地方才开始；因而按照事物的本性来说，它存在于真正物质生产领域的彼岸。像野蛮人为了满足自己的需要，为了维持和再生产自己的生命，必须与自然搏斗一样，文明人也必须这样做；而且在一切社会形式中，在一切可能的生产方式中，他都必须这样做。这个自然必然性的王国会随着人的发展而扩大，因为需要会扩大；但是，满足这种需要的生产力同时也会扩大。这个领域内的自由只能是：社会化的人，联合起来的生产者，将合理地调节他们和自然之间的物质变换，把它置于他们的共同控制之下，而不让它作为一种盲目的力量来统治自己；靠消耗最小的力量，在最无愧于和最适合于他们的人类本性的条件下来进行这种物质变换。但是，这个领域始终是一个必然王国。在这个必然王国的彼岸，作为目的本身的人类能力的发挥，真正的自由王国，就开始了。但是，这个自由王国只有建立在必然王国的基础上，才能繁荣起来。"[1]根据马克思的这一论述，在一定意义上我们可以把"必然王国"看作是人受物支配的社会状态，把"自由王国"看作是人支配物的社会状态。从必然王国到自由王国是永无止境的无限发展过程。

第二节　人的生活图景

一、人的生活在历史中传承

动物的生命是个体的不断"复制"，是纯自然属性的不断再现。而人的生命是创造性的历史传承，是下一代在上一代的基础上，不断地传承和创新，所以人的生命是历史性的。

"物种的尺度"限定了该物种的行为，只能是特定自然

---

[1]马克思、恩格斯：《马克思恩格斯选集》（第46卷），人民出版社1995年版，第928页—929页。

环境的产物，而无法超越自然环境。由于自然环境变迁如此缓慢，所以动物界的生命延续，采用了遗传繁衍的方式，形成父子一样的生命现象，这是为了适应并没有显著变化的旧有自然环境。

人从产生之日起，就不再隶属任何具体自然环境，而是必须面对一切自然环境，从而没有了"物种的尺度"。人必须依据自己的社会实践，寻找、生产所需的一切，并且逐渐把万物统一成一个整体，形成属人的世界。这个世界是依人的"目的性"而形成的世界，我们称之为文化的世界、意义的世界、生活的世界、精神的世界等。

人的生命具有双重性，即"获得性的遗传"与"遗传性的获得"的统一。这种统一形成了个人生活、人群生活和人类生活。"获得性的遗传"是文化传承，是个人、人群、人类社会在实践中形成的。"遗传性的获得"是个人、人群、人类在自然生育中内含的素质。人的生命就是文化的传承的历史，它是个人、人群、人类行为的不断升华和丰富。

实践是人的生存方式。人类在实践过程中，创造了各式各样的生活方式，并把相应的事物统一成特定的整体，而形成了各具特色的文化现象。如经济的、科学的、政治的、宗教的、哲学的。世界在实践交融中形成了不同的面孔，诸如宗教的世界、艺术的世界、伦理的世界、科学的世界等。实践是人的生活本质。

实践又是人类的进步方式。动物是通过基因变异而适应环境。人则是通过创造、发明赋予各种行为以社会内涵，使万物进一步融合。正是有了选择性，人类才能比生物进化得更为迅速、更为有效。所以实践不是天然的自然产物，而是人按照自身的内在尺度，选择不同的环境因素而形成各自不同的生活方式。丧失选择，人的生活就不是能动行为，而是动物式的生存。

在生活传承中，语言成为文化遗传密码的载体。语言也和意识一样，只是由于需求、由于和他人交往的迫切需要才产生的。语言一开始就是社会的产物，而且只要人们存在着，就离不开语言。每一种语言，每一个语词、语句、语调、语声，甚至是书写的笔画，都涵盖了人类文化的信息。在语言体系中，语词与语词相联，形成了一个语言中的文化世界。这个文化世界内含了人的生命结构。只有破解、了解每一个词意以及内涵的人生境界，才能懂得一种文化。

人类产生了语言，才使"文化遗传"成为可能。口口相传，文字传承，才保存了历史的轨迹。

人有了文字，才超越了动物界并开始了自己真正的有觉悟的历史。

二、自在世界与自为世界的统一

"自在世界"是指与人的实践活动发生联系的那部分世界。在社会实践活动中，人们普遍性地把整个自然界作为人的直接的生活资料的依赖对象，人又运用工具把自然界的一部分变成人的无机的身体。自然界，就它自身而言不是人的身体，是人通过劳动把自然界的一部分变成了人的无机的身体。人靠自然界生活。这就是说，自然界是人为了不致死亡而必须与之持续不断地交互作用的人的身体。所谓人的肉体生活和精神生活同自然界相联系，不外说自然界同自身相联系，因为人是自然界的一部分。实践使人从自然界分化出来后，反而使人更全面、更根本地依赖于自然和社会运动规律。如果离开社会规律，仅从自然规律理解人与自然的关系，人的存在就是动物式的存在。所以，人在"自在世界"面前，必须把自然规律与社会规律结合，使"自在世界"呈现属人的性质。

人类在物质生产的过程中，造成了日益突显的生态、环境、人口、资源等全球危机，导致人与自然关系的严重失衡。恩格斯曾经警告人类，人类总以为征服了自然界，但是自然界总是对人类的征服进行强烈的报复，"人类同自然的和解"与否决定了人类的存亡。马克思也认为，应当合理调节人与自然之间的物质交换，在最无愧于和最适合人类本身的条件下进行这种物质交换。但是今天人类的物质生产却依赖于大自然的高消耗，完全违背了人与自然和谐相处的原则。

人类在改造自然与改造社会的实践活动中，必须遵循客观规律，符合科学发展的要求，走可持续发展道路；必须重视生态文明建设，在经济社会发展过程中，把推进生产发展、实现生活富裕、保持生态良好有机统一起来，努力实现社会经济和自然生态系统的良性循环。

借助特定的地理环境和人口因素，在物质生产实践中，人形成了相应的社会关系体系，最终构成了"自为的世界"。生产力与生产关系相结合，构成生产方式，它是"自为的世界"的基石。地理环境、人口和生产方式共同构成了人类社会存在的物质前提。社会存在决定社会意识的产生、变化和发展。社会意识对社会存在具有反作用。社会存在与社会意识辩证关系原理的发现使人类第一次正确解决了社会历史观的基本问题，是社会历史观革命性变革。依据这一原理，人类第一次破天荒地破解了"历史之谜"，从而揭示了人类社会发展的规律。依据这一原理，马克思主义从社会生活的各种领域划分出经济领域，从一切社会关系中划分出生产关系，并把它当作决定其余一切关系的基本的原始的关系，将生产关系归结于生产力发展的高度，从而将社会形态的发展看作自然历史过程。

在社会存在的基础之上，人类构成了自己的意识形态，即"文化世界"。文化是以人类社会实践为基础，以各种方式为中介把握世界的结果。同时，它又是人作为现实的人与世界发生现实的"属人"关系的前提。"文化"作为既定的前提，限定了人类创造历史的行为，使人成为历史中的人和丰富的现实的人。个人是活的文化载体，个人也是文化的直接受益者。

个人拥有文化是通过"语言"，而不是视听感觉。通过"语言"内含的逻辑，个人把万物统一成一个整体。而视听之觉仅是对事物某些片面的、支离破碎的刺激的感觉。文化哲学家卡西尔提出，"语言的具有决定意义的特征并不是它的物理特性，而是它的逻辑特性。从物理上讲，语词可以被说成是软弱无力的；但从逻辑上讲，它被提到了更高的甚至是最高的地位：逻各斯成为宇宙的原则，并且也成了人类知识的首要原则"；"在这个人类世界中，言语的能力占据了中心的地位。因此，要理解宇宙的意义，我们就必须理解言语的意义"①。现代哲学解释学进一步提出，语言作为"文化的水库"，它构成了历史与现实之间、"历史视野"与"个人视野"之间的一种"视野融合"，构成了人与历史、人与他人以及人与自我之间的相互理解和自我理解。

人的"文化世界"是人安身立命的世界，它回答了人"为何生存"和"怎样生存"，使个人明确了自身的价值和意义。这样，人把生存的世界变成了人应向往的生活地，"文化世界"使"生存世界"和"自为世界"变成了美好的世界。

①恩斯特·卡西尔：《人论》，上海译文出版社1985年版，第143页。

第三章　人的思维世界

人的意识是"地球上最美丽的花朵"。人首先在精神活动中创造属人的世界。人们用"选择"、"想象"、"思想"、"智慧"、"理想"的思维方式表现着自己理解的世界，使人在还没有创造出现实世界之前，已经在思维中勾画出了美丽的现实世界。正是思维，使"理想"与现实"保持了必要的张力"，人的属人世界才能永葆青春活力。

第一节　人的感性世界

人的认识开始于感性活动，在感性思维的基础上，人才能获得理性思维。

一、"选择"世界的思维

人的意识活动，是有"选择"的行为，它不是随机的碰撞。人们带着目的性去"选择"属人的世界。

人有一种思维习惯，叫"熟视无睹"。这表明人的意识活动是有目的的、属人的活动，它不被外界直接决定，却能反映世界万物。正是内在的目的，使我们能"看"到、能"听"到、能"嗅"到、能"尝"到、能"摸"到一切想要的事物。

人之所以要有意识世界的存在，是为了创造所需之物。人只有把世界的现象搬入头脑，形成"表象"，才能思考世界。"表象"就是记忆，再现以往的感觉。此时，外部世界已不在我的感官接触的范围之内，它已经消失，存留的只是"映像"。

"映像"的内容是客观世界的现象，而"映像"的形式则是主观世界的概念。如果没有主观概念的形成，我们就不能记住事物，而只能记住特征。如狗只能记住某个具体的气味，而不能形成"气味"这个概念，所以在狗的大脑中不会存在一个事物，而只能存在某种具体感觉。所以狗的一生不是在寻找世界的存在，而是在寻找某个存在。一旦找到某个存在，它的寻找就告结束，除非又产生了对其他具体存在的寻找。

人之所以产生寻找世界的冲动，在于人生活在理想之中。动物凭借本能实现了有序，而人则没有生物本能，所以必须找寻生活内在的秩序。在找寻的过程中，就形成了人的意识。马克思认为人的意识能力是社会实践的产物，人的五官感觉就是"世界历史"的产物，是在以往的全部世界历史中形成和发展起来的。同样，人类的意识之所以能够合乎"逻辑"地认识世界，也是因为人的实践经过亿万次的重复，在人的意识中以逻辑的形式固定下来，这些逻辑最终表现为公理的性质。

瑞士心理学家和哲学家皮亚杰创立的认识发生论，以科学实验为依据，揭示了人类的感性实践的逻辑不断地内化为人类意识活动的逻辑，使人类的意识具有了越来越深、越来越广泛的认识现实的力量。

这样大脑中意识活动的规律，就会同客观世界的规律具有同一性，使人能真实地反映客观世界。我们的主观思维和客观世界服从于同样的规律，因而两者在自己的结果中不能互相矛盾，而必须彼此一致。这样，人的意识才能反映客观世界。

这样我们就可以自信地认为人们越是科学地探知客观世界，人的思维能力就越强大。现代德国科学哲学家赖欣巴哈认为，"科学的发展代表着一条抽象思维能力迅速进步的指示线。它导致具有最高完善性的纯粹理论结构，例如达尔文的进化论和爱因斯坦的相对论；它已把人类思想训练到能够理解以前几世纪中有教养的人所不能理解的逻辑关系"[1]。现代科学在物质和精神领域造福人类的同时，也在思维领域不断为人类认识系统增添了新的要素，改善了人类认识系统的结构，提高了人类认识系统的功能。

现代人类思维不仅具有多层次的归纳和演绎、分析和综合、抽象和概括、假设和证明等逻辑方式，而且具有诸如系统方法、信息方法、功能模拟法、数学模型法、概率统计法、思想实验法等极丰富多彩的认识形式。人类已经开始系统且全方位地反映世界了！

世界是运动变化发展的，在思维中如何体现世界这一本质，这就是思维本身的能动性和辩证性问题。客观世界是否在运动，这不是经验问题，答案在于如何用概念的逻辑来表达客观运动的事物。人们必须用辩证的概念表达运动，这样才能真实地把握世界。

人类的意识能力在长期进化中内化成一种大脑机能。巴甫洛夫说，根据信号刺激的特点，把大脑皮质的功能分为第一信号系统活动和第二信号系统活动。凡是以直接作用于各种感觉器官的具体刺激为信号刺激而建立的条件反射系统，称为第一

①赖欣巴哈：《科学哲学的兴起》，商务印书馆1983年版，第96页。

信号系统活动。由语词、符号、象征物体为信号刺激而建立的条件反射系统，称为第二信号系统。人有第二信号系统，所以才能进行抽象思维，把世界当作认识的对象，而不是仅是感知具体事物。

人一旦把这种思维能力语词化，使得人类的思维得以保存和延续，这就形成了"历史文化的水库"。语词是人类的伟大发明，它既是语调，又是形象，并且把已知的世界永恒化。物理的世界在不断消失和衍生，但在词语中，它们永恒地成为人的世界，这就是历史，即人自己理解和创造的世界。

"枯藤、老树、昏鸦、小桥、流水、人家、古道、西风、瘦马"，本是互不相干的自然和社会现象，但是在人的思维理解中，这一切均被联系到一起了。伟大词人马致远也因此名垂千古，且真实地活在后人的心中。

各种记忆在语词中被赋予丰富的内涵，这就是文化的伟大意义。文化使人的世界远远丰富于现实的物理世界。

二、"想象"中创造的世界

在思维中丰富起来的世界，是借助"想象"而实现的，没有了想象，人类就会永恒地存活在蒙昧时代，与动物为伍。

"人对世界的思维，不是机械的照拍，而是创造，是借助理想的'想象'。永远不是对于感性材料的机械复制，而是对现实的一种创造性把握，它把握到的形象是含有丰富的想象性、创造性、敏锐性的美的形象。"[1]

有了想象，视听的世界才会变成属人的世界。海德格尔曾经描述过梵·高的一幅画。他说："梵·高的那幅油画：一双坚实的农鞋，别无其他。这幅画其实什么也没有说出。但你立即就单独与在此的东西一起在，就好像一个暮秋的傍晚，当最后一星烤土豆的火光熄灭，你踏着疲惫的步履，从田间向家里走去。什么东西在此在着呢？是亚麻画布呢？还是画面上的线条？抑或是那斑斑油彩？"[2]人会用想象来填补现实生活的不足，借用想象使人生活在合理的世界之中。想象使人的生活变得不再是动物的自然流程，而是美好的可奋斗的生活。

有了想象，人才能开始人的生活。想象是人类社会智慧的源泉、动力。生机勃勃因想象而时刻存在于人间，哪怕周围的一切均是僵化和衰亡的，人仍旧能感知生命的脉动。

---

①阿恩海姆：《艺术与视知觉》，中国社会科学出版社1984年版，第5页。

②海德格尔：《形而上学导论》，商务印书馆1996年版，第35页—36页。

人的想象一是再现性想象，它叫回忆，仅是回忆曾有的记忆。另一种想象是创造性想象，它勾画出未有的事物和世界。再现性想象为创造性想象提供现实的依据，一旦人无法现实地想象时，人的思维则是动物式的思维。一旦人脱离现实的某物而能想象时，人才能进入到人的思维中，即自由地创造事物。从这时候起，人的意识才能摆脱世界而去构造"纯粹"的理论、神学、道德等。

人在想象中创造新语言和新理论，创造新观点和新客体。在想象中，世界被创造出来。

想象先是假设，后是验证。客体、前提、条件、程序等日后可以存在的事物，预先就在想象中产生了。恩格斯曾经说："只要自然科学在思维着，它的发展形式就是假说。"如果没有想象，人类文明就会停止。

现实世界存在的依据深藏在事物的背后，它无法直接感知，只能借助想象来描述，用概念来表达，用实践来验证。在谈到苯分子的发现时，化学家凯库勒曾经回忆道："我把座椅转向炉边，进入半睡眠状态。原子在我眼前飞动，长长的队伍变化多态，靠近了，连接起来了。一个个扭动着、回转着，像蛇一样。看，那是什么？一条蛇咬住了自己的尾巴，在我眼前轻蔑地旋转，我如从电掣中惊醒。那晚我为这假说的结果工作了整夜。"正是借助于蛇咬住自己的尾巴的想象，凯库勒构想出了苯环。

虚幻的想象，是建立在真实的现实基础之上的。无论我们的想象多么离谱，在现实生活中我们都可以发现根源。

在所有的想象中，艺术是最神奇的想象领域，是人的思维想象力自由和充分的展现。艺术用虚构描述了一个个令人向往的世界，使人感知了美好的人生应有的可感知的思维中的世界。这种艺术创造出来的真实的生活，是生活应有逻辑的表达，是生活理念的生动再现。

人需要想象。在想象中，人才能找到局部和个体在整体中存在的伟大意义，瞬间知晓一切。此时，人才能肯定自己。那时，人会精神高昂、才智卓越、高度自信，人找到了属人的生活。

第二节　人的理性世界

一、"理性具体"中的世界

人不仅生活在想象的感性中，也生活在理性的逻辑世界中。理性认识是人的感性认识的目的，只有从感性认识进入理性认识，人的认识才能完成第一次飞跃。

感性的世界是瞬间变动的世界。在变动中是否存在不变的依据，即内在本质和规律，就是理性问题。人只有依据本质和规律，才能构建稳固的生活。

人是矛盾的，这种矛盾是意识到的矛盾。因此，人是感性的，也是理性的。一方面，人的活动是现实随机的大量感性的偶然，另一方面，人的活动又是有目的的和有规律的可选择的必然。只有找到理性，才能把活生生的感性串联成一个整体，构成属人的世界。

我们对任何事物的认识都是感性和理性的统一。如树叶是绿的、天是蓝的等。这里已经有偶然和必然、现象和本质，因为我们在说树叶是绿的、天是蓝的时，就把许多特征作为偶然的东西抛掉，把本质和现象分开，并把二者对立起来。我们只有知道个体的种属，我们才知道个体的稳固行为，才知道世界变化的趋势。

当然，也有人主张，世界是不可知的，人们只能感知现象，而不能感知本质，因此无法预知世界变化的趋势。

理性内含多样性的统一，叫理性的具体。理性的具体是许多规定的综合，因而是多样性的统一。这样，人的认识达到了对本质的全面把握。

在理性具体中尽力展现事物应有的一切本质特征，感性只能展示一切现象特征。从感性到理性，不是远离事物，而是更接近事物的整体化规定。而且这种理性具体认识得越全面，事物的整体性呈现的就越全面。所以，当思维从具体的东西上升到抽象的东西时，它不是离开真理，而是接近真理。

当人们借助各种理性具体即概念构建世界时，就形成了思想。马克思的《资本论》则是以商品为开端范畴，演绎出了政治经济学的伟大思想体系。

思想是概念中运动的世界。思想的世界一开始不断地否定自己的虚无性，使自己获得越来越具体、越来越概念的规定性，这就是思想自我构建的过程；另一方面，思想又不断地反思、批判、否定自己所形成的概念的规定性，从更深刻的层次上构建思想中的世界。

二、解决"问题"的智力

人类把自身认识的成果都知识化了，使后人在遇到相同的问题时，可以遵循统一的答案。人过上了一种简单、便捷的生活。

但是人的生活就是困惑不断的生活。人们在实践中总会遇到意想不到的问题，且困惑不解。人类必须在占有已有的"知识文化水库"的背景下去寻找答案。这种探知行为就是"智力"活动。智力不仅是行为，也是能力。人的智力主要是由观察力、想象力、思维能力、直觉能力和记忆能力构成。

智力活动首先是调动已有的知识储备去解答问题。在这个活动过程中，发生了知识的调动、组织和重组的现象。科学的思维方法总是有助于知识的整理、储存、运用和创新。爱因斯坦认为，公式和数据只需查手册，而不值得记忆。因此，学会思维方法很重要。

在智力培养中，"问题"意识尤为重要。当代著名的科学哲学家卡尔·波普提出，"科学始于问题"。注重提出问题、分析问题和解决问题，是科学的伟大使命。人类总是充满热情地将探索的光柱投向遥远未知的领域。他说，"选择某个有意义的问题，提出大胆的理论作为尝试性解决，并竭尽全力去批判这个理论"，人类才会不断地进步，知识的宝库才会逐渐丰富起来。在这一过程，人类的智力得以发展。

知识的逻辑一经确立就变成陈旧僵死的事物。一味遵守原有逻辑的"智力"就无法创造出新的"思想",开拓出新的世界。如何突破习以为常的思想逻辑和生活逻辑,成为人类面临的另一难题。

形式逻辑遵守"同一律",就是在思维中坚持是就是、不是就不是的思维原则。这种思维是"静态"思维,是常识经验思维。它观察到的是静态现象的存在和消失。存在就是存在,不存在就是不存在。这种思维坚持两极对立思维。"有"还是"没有"?"是"还是"不是"?"真的"还是"假的"?"对的"还是"错的"?"美的"还是"丑的"?"善的"还是"恶的"?"好的"还是"坏的"?如此等等。所以,在常识的思维方式中,白的就是白的,黑的就是黑的,美的就是美的,丑的就是丑的,一切都非此即彼。

现实生活中任何事物内部均包含肯定和否定的两个方面。

辩证法大师黑格尔提出:"人们总以为肯定与否定具有绝对的区别,其实两者是相同的。我们甚至可以称肯定为否定;反之,也同样可以称否定为肯定。"他举例说:"财产与债务并不是特殊的独立自存的两种财产。只不过是在负债者为否定的财产,在债权者即为肯定的财产。同样的关系,又如一条往东的路同时即是同一条往西的路。""北极的磁石没有南极，便不存在，反之亦然。如果我们把磁石切成两块，我们并不是在一块里只有北极，在另一块里只有南极。同样，在电学里，阴电阳电并不是两个不同的独立自存的流质。"①以肯定与否定的对立统一去理解事物的思维方式，称之为"辩证智慧"。

在个别中发现一般，在个性中发现共性，是日常生活中普遍发生的认识行为。同一性自身中包含着差异，这一事实在每一个命题中都表现出来。辩证法认为：个别就是一般，个别一定与一般相联结而存在。一般只能在个别中存在，也只能通过个别而存在。

人只有打破"非此即彼"的僵化的思考模式，才能找寻到生活的智慧。思维方法不仅是想什么，更是做什么、怎样做，它决定了人的生活态度。因此思维方式的变革，也决定了价值观念的变革、人生态度的变革。

在常识生活中人们习惯用两极对立的思维方式去寻找答案，无法把看似对立的事物统一起来。是非、好坏、善恶、美丑、福祸、荣辱等均被判定成非此即彼的存在。人生处于大喜

①黑格尔：《小逻辑》，商务印书馆1980年版，第256页、257页。

或大悲之中，而不能寻找应有的包容、宽松、自在。

超越两极对立的思维模式，体现了人类智慧的进步。以整体观照局部，以长远观照眼前，以人类观照个人，从而使局部融入整体，眼前融入长远，个人融入人类。不断提升个人的境界，使个人找到高贵的荣誉，脱离世俗的纠缠。

人要想过高贵的生活就必须有理想。有理想的生活就是避免随遇而安的动物式的无目的生活，在点滴生活中追求世界逻辑的整体。

世界并不是杂乱无章的偶然碰撞和堆积，而有其内在逻辑的整体，人生就是要竭力体现逻辑整体的美。无论是一个人，还是一只羊，或是一条河，都被表述为数字"1"，人类喜欢用最简洁、最抽象的数字来理解世界，使世界变成了数字王国。正因如此，爱因斯坦曾经赞美这神奇的世界："这个世界可以由乐谱组成，也可以由数学公式组成。"这说明，世界是完美的统一体。

在理性世界中，大量随机的偶然被排除了，面对人的是完美的由必然逻辑组成的世界。这个理想的世界反过来又引导人类穿越迷宫式的现实生活，在感性的世界中自由地行走。

正是有了对"逻辑范畴"世界的认识，人才形成了自己的目的性，人才高明于动物，人才找到了解决问题的方法。

　　人有了目的，有了理想，有了衡量现实的标准，才能解决"问题"，人才能过上属人的生活。

第四章　人的文化世界

人既要生活在物的消费之中，又生活在对理想的追求之中，这样人才一步一步把自己从自然压迫、社会压迫，尤其是意识的压迫之中解放出来，走向自由的天地。

第一节　虚幻的文化世界

人需要美好的生活，幻想是人的文化世界的伟大发明。幻想作为人的理论思维的不自觉的前提，保证了人对客观世界认识的可能。

一、模仿自然力的神话世界

自然界对于早期的人类而言，是一股神秘的主宰之力，它不仅主宰万物，也主宰每个人的生命，个人的生命只有与神合为一体，才会有生存的力量。祈盼神灵保佑，是早期人类头等大事，它决定了人的认知和情感，形成了神人一体的理念。

万物有灵和灵魂不死是远古居民的自然观和生命观。万物有灵论产生于原始社会时期。产生的基本原因是生产力水平的极端低下，以及由此而来的知识贫乏和没有力量跟自然斗争。这时，人们对自然界的许多灾害的来源无法解释，便把它们看成是超自然力量作用的结果，认为山有山神，树有树神，自然界的一切事物都有它的精灵，整个自然界都为精灵控制。

早期的人类无法从整体上把握宇宙与人类发展的一般规律，无法用知识来支配人类的行为与感情，无法把知识和心理活动区别开。知识面对的是整体内在的规律，而心理面对的是具体外在的现象。在古人的视野里，只有一个个把具体事物联结起来的心理感知的世界。这个世界因人的恐惧与愿望被描绘成万物有灵的图景。在神话的世界里情感取代了知识，并把心愿当成了真实的知识。这种认知水平来源于自然压迫。自然界起初是作为一种完全异己的、有无限威力的和不可制服的力量与人们对立，人们像动物一样依赖自然界，人们像动物一样屈服于自然界，因而人对自然界的感情形成了自然宗教的感情。

神话的方式是一种"幻化"的方式，即把人和世界双重幻化的方式。在神话的方式中，人们既以宇宙事物看待人，又以人的情感和意愿来看待宇宙事物，人神相互影响，人物相互渗透，形成了神人相互感应的关系。神可以用宇宙事物奖赏、警告和惩罚人类，人也可以用各式行为打动神灵，获取力量。人们对宇宙事物的理解仅是心愿和情感的表达，而不是人的理性思维的结果。人完全生活在感性世界之中。

在神话中，人按照自己的心愿来解释世界，而不是用理性确证世界。当代美国学者瓦托夫斯基把神话理解成一种解释模式，通过拟人化的解释，拉近了人与物的距离，使人的灵魂得到安慰。他提出："一种最早的解释形式是按照人类和个人的行动和目的说明自然界的各种现象，或把各种自然力描绘成活的、有意识的和有目的的力量。在对人类行动和感情的具体形象描述中，诗歌和戏剧的想象力重新塑造出我们经验中的畏惧、惊奇和异常情况；而神话则唤起我们与自然界的亲密感，即一种使我们对自然界和我们自身二者之中的未知事物产生亲切自如的感情的方法。这种神话是对经验的重新塑造，当然足以说明人类想象力的创造力、人类精神的自由审美的发明力；不过它也起着解释的作用，即作为理解和说明那些本身就是模糊的、威胁人的和不可控制的现象的方法。"①

灵魂不死是远古居民的生命观。根据这种古老的灵魂观，一切生物都有共同的灵魂，灵魂是不朽的，可由一个身体转移到另一个身体，重复过去的生活；为了不失去灵魂，或死后重新获得灵魂，人需要净化自己的灵魂。在远古时代，人们还完全不知道自己身体的构造，并且受梦中景象所影响，于是就产生了一种观念：他们的思维和感觉不是他们身体的活动，而是一种独特的、寓于这个身体之中而在人死亡时就离开身体的灵魂的活动。从这个时候起，人们不得不思考这种灵魂与外部世界的关系。如果灵魂在人死时离开肉体而继续活着，那么就没有任何理由去设想它本身还会死亡。

人类早期用神话来理解一切，目的是相信万物生命永恒地存在，使力量十分渺小的人类获得生存下去的勇气。凭借幻想，原始居民把自己变成多种多样形形色色的生命形式，而且

---

①瓦托夫斯基：《科学思想的概念基础》，求实出版社，1982年版，第61页。

"所有生命形式都有亲族关系似乎是神话思维的一个普遍预设。图腾崇拜偏偏是原始文化最典型的特征"[1]。在原始居民的眼中，眼前的一切均是自己生命的一部分，人们十分愿意通过装饰把自己和周围的环境协调起来。这样，自然的不可思议的力量，反而成了人的生命力的源泉，人直接被环境所支撑。

在早期，人类的生活环境十分恶劣。由于人类的无知和改造自然环境能力十分有限，所以大自然肆意地虐待人类，人的生命随时被蚕食。生命随意地消失，使人类无法忍受随之而来的恐惧，只有否认死亡的存在，人类才能在恶劣的自然环境面前生存下去。在人类的心愿面前，神话的生命观形成了。在神话的情感意识中，人们渴望且相信生命的延续和不死，而死亡仅是意外，不是必然。一代代的人形成了不间断的链条。上一阶段的生命被新生生命所替代。祖先的灵魂返老还童似的又显现在新生婴儿身上。

古人认为生命是不死的，只是不断的延续。在原始居民看来自然法则无法夺走人的生命，人的生命无法死亡。死亡是偶然发生的，不是必然的，是巫术、魔法或其他人的不利影响所导致的。所以，排除巫术、魔法或其他人的不利影响，死亡就

---

[1]恩斯特·卡西尔：《人论》，上海译文出版社1985年版，第105页。

会避免发生。

在早期神话世界中，神人一体既是人类进步的需要，也是人们对生命本能的抗争。

二、超越世俗的宗教世界

宗教是支配人们日常生活的外部力量在人们头脑中的幻象的反映。宗教本质上是一种"颠倒的世界观"，是由对神灵的信仰和崇拜来支配人们命运的一种意识形式。

宗教和神话一样均来自于自然的压迫和无知。宗教主张服从于神的统治，即绝大多数人服从于极少数者的统治和压迫，并且在服从中获得安慰。而且这种服从的安慰来自于对神灵的信仰和崇拜，来自于对天国生活的企盼。神话是活着的一切人类在困境中的自信和欢乐。由于相信神人一体，生命永恒，人的一切行为均具有了天生的、充足的、合理的理由。一切不再是恐惧，一切均可以驾驭，一切均可以实现。在神话中，对神的恐惧带来的是现实的欢乐；在宗教中，对神的恐惧带来了对现实行为的一切恐惧，唯独留下了对天国欢乐的幻想。恩格斯指出："关于个人不死的无聊臆想之所以普遍产生，不是因为宗教上的安慰的需要，而是人们在普遍愚昧的情况下，不知道已经被认为存在的灵魂在肉体死后该怎么办。由于十分相似的原因，通过自然力的人格化，产生了最初的神。随着各种宗教的进一步发展，这些神越来越具有了超世界的形象，直到最后，通过智力发展中自然发生的抽象化过程——几乎可以说是蒸馏过程，在人们的头脑中，从或多或少有限的和互相限制的许多神中产生了一神教的唯一的神的观念。"①

阶级压迫给人们带来苦难，而人们又不能解脱，是宗教产生的社会根源。正如马克思所言："宗教里的苦难既是现实的苦难的表现，又是对这种现实的苦难的抗议。宗教是被压迫生灵的叹息，是无情世界的心境，正像它是无精神活力的制度的精神一样。"②现实的社会导致了人间的压迫，产生了来世幸福的幻想，只有抛弃宗教幻想，改造现实世界，人才能获得现实的幸福生活。

人只有通过自身的力量，才能解放自己。人类要想解放自己，首先要批判神的世界，然后批判现实的世界。

但是宗教的消亡是长期的历史过程，在宗教的世俗功能没

①马克思、恩格斯：《马克思恩格斯选集》（第4卷），人民出版社1995年版，第223页—224页。

②马克思、恩格斯：《马克思恩格斯选集》（第1卷），人民出版社1995年版，第2页。

有发挥出来之前，它的历史使命是不能结束的。宗教还是现实生活一切智能的根据，一切情感的标准，一切价值的尺度，人从宗教神圣形象中获得存在的根本意义。宗教为世俗生活提供了依据。人们既受宗教道德的约束，又为宗教道德而狂热。宗教唯灵论的荣誉和庄严，使现实生活得到慰藉和辩护。宗教所具有的通俗的逻辑形式，使人的生活有了必要的秩序。在真实的人间幸福没有产生之前，宗教的幸福生活还无法消除。既然人不能生活在现实中，也不能生活在虚空中，就只能生活在幻想中，生活在对"神圣形象"的崇拜中。

三、预示美好生活的艺术世界

艺术是通过塑造具体生动的形象来反映社会生活的意识形式。它靠形象来表现人们对社会生活的理解、情感、愿望和意志，按照审美的规则来把握和再现生动的社会生活，并通过美的感染力来影响人的思想情感和社会生活。在艺术中人们仿佛真的感到了美的世界的真实和现实。

艺术来自于生活，是现实生活矛盾的反映和升华。艺术用直接、鲜明的艺术手段，表明人类生活的复杂性、丰富性和创造性，从而证实了"我"感知世界中的"我们"的存在。艺术用"我"的形象感知表明"我们"应有的抽象和谐。在"我"的艺术感知中，人类应有的自足性、条理性、和谐性的生活被真实地揭示，并且这一切均被明朗化、可视化。在艺术的世界中，人生成为一道道景致。

理论要通过逻辑认证"以理服人"，艺术则要通过艺术形象来"以情感人"。艺术的形象是用典型性、理想性和普遍性的艺术审美方法来表达人们对生活的向往。这样个人在艺术审美活动中，才能超越现实的众多的阻碍使我与世界形成情感对接，从而产生强烈的向往。这样，个人的行为就升级为社会行为。艺术化的亲情，不仅是源于血缘和个人的感情，更是亲人之间无条件、不求回报、滋润心田的终生沐浴。它消除了个人界限，个人仅是关爱的力量，而不是关爱的理由。未曾艺术化的亲情，就会蜕变成日常的琐事和随机的个人感觉，亲人的生命就无法和自己融为一体。"慈母手中线，游子身上衣。临行密密缝，意恐迟迟归。谁言寸草心，报得三春晖。"这是心对心的依恋，彼此无法分割的情感。

艺术之情，不仅是心理感动，更是生命的揭示。在典型的艺术形象中，人类的完美生命在一系列具体的人和物中展现。而这种典型的人和物是并不典型、真实的个人模仿的对象。活着的人，在不停地理解典型者的内涵，并力求真实地体现。

艺术形象的完美总是与人的心灵对完美的渴望成正比的。人们渴望用艺术手段来揭示心灵的变迁。人在艺术形象中观照自己的情感，理解自己的情感，回味自己的情感，在人的精神世界里激发出崇高和美好的情感，诱发出丰富和神奇的想象，唤起深沉和执着的思索。

艺术是时代鲜活脉搏的最先表达。人的感觉世界被现实世界的变迁所冲击，引发情感和心愿的爆发，所以艺术总是预示一个时代的来临。当代著名小说家米兰·昆德拉曾经提出："评价一个时代精神不能光从思想和理论概念着手，必须考虑到那时的艺术，特别是小说艺术。十九世纪蒸汽机问世时，黑格尔坚信他已经掌握了世界历史的精神，但是福楼拜却在大谈人类的愚昧。我认为这是十九世纪思想界最伟大的创见。"[1]

文学艺术的精神是现实精神的揭示。文学艺术通过提供卓越的现实主义历史图画，集中体现了社会的全部历史，用惊人的手法体现了社会的特点，描述了各个阶级的历史命运，表达了社会变革中各类人物的思想和情绪，达到了对该时代的社会

---

[1]昆德拉：《生命中不能承受之轻》，作家出版社1991年版，第342页。

自我意识的艺术把握。

艺术家用自我的艺术敏感，捕捉了时代群体的骚动，展示了时代的历史脉动。人们会在艺术家的作品里发现历史的力量和它的弱点。艺术的伟大在于它使个人和时代呈现了鲜活的特征，唤醒了人们的心灵。

第二节　现实的文化世界

现实世界是利益关系的世界，在利益关系的处置中人类创造了伦理世界、科学世界和哲学世界，使人由天国的幻想来到了人间。

一、自我的伦理世界

道德是调整人们之间以及个人和社会之间关系的行为规范的总和，是依靠社会舆论、人们的信念、习惯、传统和教育来起作用的精神力量。道德是个人自觉追求美好社会群体生活的信念、行为和品性的统一体，是大写的个人和孤行的个人。

从语义学的角度，道德分为两部分：道，是万物运行变化的规律，引申为社会规律。德，是指认识规律、遵守规律，使个体同于"大道"。"内得于己，外施于人"称为"德"。"外施于人"且不自居，为"玄德"。达到"玄德"境界者为同于"大道"的圣人。

"伦，犹类也；理，犹分也。"伦，讲社会关系，理，讲关系处置。古人讲人生有"五伦"，君臣、父子、夫妇、长幼、朋友。相应地，理有"五理"，仁、义、礼、智、信。弄清并践行伦理，人才会成为特定社会环境中的人，获得鲜活的生命。

人生活在现实社会之中，总要与他人发生广泛的社会关系和交往，如何处置彼此利益关系就产生了伦理道德诉求。伦理道德诉求是个人主动牺牲自己的利益，维护与他人应有的关系且满足他人利益诉求的行为。伦理道德行为避免了等价交换中拜物的思维与行为，注重人与人的关爱，把人看成是比物的交换更为重要的事情。通过伦理道德行为，使自然的个人存在直接升华为社会的存在，且为自觉的社会的存在，证明了人的尊严和自由，从而把人从会思考的动物提升为崇高的人，使人真正实现了人作为人的自我实现。

既然道德的特殊矛盾表现为个人和社会整体利益的矛盾，而这个矛盾的存在和解决又是由一定的经济关系所表现出的经济利益直接决定，那么，道德和利益之间的关系问题就成了伦理道德的基本问题。

这个问题包括两个方面：

第一是经济利益关系决定道德，还是道德决定经济利益关系，以及道德对经济关系有无能动作用。对这个问题的不同回答，决定着对道德的根源本质、发展和社会作用的不同理解，也决定着不同伦理体系的构建。

第二是个人利益服从整体利益，还是社会整体利益服从于个人利益。对这个问题的不同回答，决定着对道德原则、规范、准则、行为方向、标准的境界的不同回答。

马克思主义认为，个人是社会性的存在，脱离社会个人无法存在，脱离个人社会也无法存在。人天然具有社会性，但个人的社会性不是天然具有的。个人必须通过各式道德行为确保自己的社会性的存在。

黑格尔把自我意识发展分成三个阶段，这就是"单个自我意识"、"承认自我意识"和"全体自我意识"三个阶段。个体经过这三个阶段的发展，就会变成社会的一部分，成为道德高尚的人。

"单个自我意识"阶段，是指个人只意识到自身存在，并把自己和其他客体区分开来。他看到了自己的不足，也看到了世界的无限广袤和自己的渺小，世界和他是完全对立的，他希望从世界中获得一切。黑格尔把自我意识发展的这个阶段称为"欲望自我意识"。

"承认自我意识"阶段，他意识到自己为他人存在。他在他人身上看到了自己的特点，他关注自己的特点，渴望相互承认。但是相互承认是冲突的过程，结果人与人之间建立了统治和从属的关系。

"全体自我意识"阶段，不仅意识到自己的差异，而且意识到彼此的共性，并以一切美德为原则。在"道德实体"中个体的"自我"成为客观精神的一个因素、一个部分。

个人的成长只有符合社会发展的需要，才能协调个人利益和社会利益，个人行为才是符合伦理诉求的，个人才是高尚的。首先，个人成长要体现社会正义、社会规范，不能随心所欲；其次，个人行为要体现社会真、善、美的标准。最后，个人行为总要把眼前与未来、局部与整体、个人与集体相结合。

个人总是通过结成群体来创造历史的。所以个人的目标和理想必须符合社会的理想。回避社会，关注"小我"，就会"耻言理想，蔑视道德，拒斥传统，躲避崇高，不要规则，怎么都行"。

道德的伟大意义在于使个人过一种崇高的生活。如果人人向往道德行为，就会出现"路不拾遗，夜不闭户"，尊老爱幼。适当的克制、忍让，人际关系才能融洽。只有全社会贡献大于索取，社会与个人才能进步和谐。

首先，道德在个人关系处理时发挥着认识功能。人只有首先提高认识水平，才可认识到自己对家庭、社会应负的责任和应尽的义务。人的道德意识和道德判断使人在行为之前就可以预知引发的道德结果，从而做出相应的调节，所以道德认识的功能就是提高道德生活的自觉性。

其次，道德在人人关系处理时发挥着调节的功能。一旦发生利益冲突，只要是非对抗性质的矛盾均可以通过道德手段加以调节。通过互相谦让，主动关怀，任何利益冲突都可以化解。并且可以使当事人双方相互认同，使损失降到最低点。所以道德调节更有利于团结合作。

再次，道德在人人关系处理时发挥着教育功能。良好的社会舆论、习惯养成、良知发现，可以教育人们拥有良好的道德意识、品质和行为。另外，榜样是无形的教育力量，具有比言辞更强大的威力。"行"更能说明事物的本质，更能感化他人。教育者言传身教使被教育者更容易懂得什么是善良，什么是邪恶，树立正确的义务观、荣誉感、正义观念和幸福观念。不断的教育和自我修养使被教育者成为道德纯洁、理想高尚的人。

最后，道德在个人关系处理时发挥着价值功能。道德规范和要求，为美好的人生提供了标准，使人的思想和行为更有利于社会和谐和人生幸福。道德的最大价值在于使道德信奉者成为自律的人，成为精神极度自由的人。我国哲学家冯友兰说："一个人可能了解到超乎社会整体之上，还有一个更大的整体，即宇宙。他不仅是社会的一员，同时还是宇宙的一员。他是社会组织的公民，同时还是孟子所说的'天民'。有这种觉解，他就为宇宙的利益而做各种事。他了解他所做的事的意义。自觉他正在做他所做的事。这种觉解为他构成了最高的人生境界，就是我所说的宇宙境界。"①

马克思主义认为，人的本质是各种社会关系的总和。人生就是要不断构建、完善各种社会关系。物质财富仅是人的本质呈现的必要载体。在个人利益关系发生冲突时，只有高风亮节，以人民利益为重，才会使社会关系和谐。

①冯友兰：《中国哲学简史》，北京大学出版社1996年版，第292页。

二、抽象的科学世界

科学作为人把握世界的方式，呈现了人类认知的最高峰。可以说科学是用抽象的概念系统地形成和确定、扩展和深化对世界理想化的认识。

德国哲学家卡西尔在《人论》一书中曾经赞美过科学诞生的伟大意义。他指出，"科学是人的智力发展的最后一步，并且可以被看成是人类文化最高最独特的成就"，"在我们现代世界中，再没有第二种力量可以与科学思想的力量相匹敌。它被看成是我们全部人类活动的顶点和极致，被看成是人类历史的最后篇章和人类哲学的最重要主题"，"对于科学，我们可以用阿基米德的话来说：给我一个支点，我就能推动宇宙。在变动不居的宇宙中，科学思想确立了支撑点，确立了不可动摇的支柱"。

人类在反复探知客观世界的过程中形成了形式逻辑思维方式，这样人类思维就由形象思维进入到概念思维。此时展现在人们眼前的不仅是形象，主要是概念展示的逻辑本质。从此人类的思维活动总是要遵守逻辑原则。思维逻辑把人类由经验的世界带入了理性的世界。

思维的逻辑化，根源于人类"解释"世界的需求，人类不甘心于眼前的经验世界，而要探知理想化的属人的世界。在思维逻辑面前，世界的"共性"、"本质"、"必然"、"规律"逐渐被揭示。"个别"、"现象"、"偶然"存在的事物有了存在的说明。人类要想进行理论思考，必须首先要保证概念内涵的普遍有效性；其次要形成逻辑化的思维原则，保证思维过程的确定性和无矛盾性；最后要不断探知概念内涵的变化，使概念演化出一个理想的世界。而在常识思维中，概念仅是某物的"名称"，没有内涵演化的必要。在科学思维中，概念是具有生命活力的世界，思维就是要揭示、把握、描述和解释概念内涵的世界。

科学形成于对经验常识的批判。它在观察和实验的基础上，以理性抽象的逻辑构成关于经验对象的解释，说明或者反驳经验常识，用科学概念取代常识概念，以科学原理取代常识信念，把形式逻辑推理的常识前提转换为科学前提。

知识作为常识，它是从个体经验中积淀出的共同经验，而不是关于经验的普遍原理。知识只是经验共同体的日常活动模式，而不是这种活动模式的理论解释。理论解释就是要做到：主次区分、条件简化、内涵单一。

科学解释的最终结果是形成首尾一贯、秩序井然的符号系统。科学的新发现必须能够对原有的科学理论作出更为合理的理论解释；科学的新发现扩大了理论范围，使原有的科学认识被扩张。这样科学就会不断进步。

科学发展史表明，实践是科学产生的源泉，不同的时代都有自己的科学表达形式，都有自己的优势与不足。18世纪上半叶人类对自然世界的认识范围扩大了，自然科学在知识上，甚至在材料的整理上大大超越了古代希腊，但是在一般的自然观上却大大低于希腊古代。人们把世界万物看成是相互孤立的存在物，形成了形而上学的世界观。在希腊哲学家看来，世界在本质上是某种变化发展的东西，某种逐渐生成着的东西。在18世纪的自然科学家看来，世界却是某种僵化的东西，某种不变的东西。这表明，科学伴随社会实践而发展，形成了不同的科学时代。

学者们把欧洲中世纪称作"信仰的时代"，这正是哲学和科学成为宗教的"婢女的时代"；把文艺复兴时代称作"冒险的时代"，这正是恩格斯所说的"需要巨人而且产生了巨人"的时代，是科学的求真求实精神重新开启的时代；把17世纪称作"理性的时代"，这正是近代实验科学兴起、科学理性逐渐扩展和深化的时代；把18世纪称作"启蒙的时代"，这正是逐渐盛行的崇尚理性力量的时代；把19世纪称作"思想体系的时代"，这正是恩格斯所说的由"搜集材料"转向"整理材料"的时代，建立各门科学的概念发展体系的时代；把20世纪称作"分析的时代"，这正是在现代科学既高度分化又高度整合的背景下，科学迅猛发展和自我反思的时代。

　　人类如何获得科学的知识，是科学家们必须要先弄懂的问题。近代实验科学和近代唯物论的奠基人弗朗西斯·培根曾对此有过精彩的分析，培根认为，为了获得真正的而又富有成果的知识，需要做到两件事情，即摆脱成见和采取正确的探索方法。偏见妨碍人类认知，培根列举了4种类型的"偏见"，即：倾向于只看到和相信所赞同的东西的"种族假相"；由于个人的偏爱所造成的"洞穴假相"；围绕语词和名称的争议而造成的"市场假相"；由于采纳特殊的思想体系、特别是忠于特定的哲学或神学体系而造成的"剧场假相"。只有消除这些偏见，才能科学地思考，另外，科学思维要求把理性主义与经验主义、仔细的观察和正确的推理相结合。在培根看来单纯的经验主义者好比"蚂蚁"只收集，理性主义者好比"蜘蛛"只吐丝，而正确的思考者好比"蜜蜂"，把经验主义和理性主义相结合，做到"收集"、"酿造"、"吐丝"相结合。培根说："实践家像蚂蚁，它们只知采集和利用；推理家犹如蜘蛛，用它们自己的物质编织蜘蛛网。但蜜蜂走中间路线，它从花园和田野里的花朵采集原料，但用它自己的力量来变革和处理这些原料。"

数学从简单的观念开始，通过谨慎的推理，精确地描述世界，成为科学成果中的巅峰之作。

20世纪是人类特殊的世纪，在百年的历史中，人类发生了翻天覆地的变化。尤其是科学领域的成果令人瞩目。对于20世纪的科学，我国学者曾做过这样的总体性概括：从19世纪末至今，现代科学九十余年的进程大体可分为三个阶段。第一阶段是前三十年，为物理学革命阶段。其主要标志是X射线、放射现象和电子这物理学三大新发现，量子假说和爱因斯坦相对论。这些不仅把人类科学视野由低速宏观领域推进到高速微观领域，而且意味着对所有学科的理论基础、方法论原则进行了一次时代性洗礼，萌动着科学研究模式的变革。第二阶段是本世纪20年代末到50年代初，是现代基础自然科学普遍深入发展时代。其标志是量子力学的确立和核物理学的长足发展。量子力学确立的新的科学思维模式，为整个科学尤其是为原子核物理学、粒子物理学、固体物理学、量子电子学、物理化学、生物学、天文学、宇宙学等基础学科的崛起开拓了广阔的前景。第三阶段是从50年代始，现代科学进入了综合发展时期。其主要标志是以生物工程、微电子技术、新材料工艺为三大主干的知识工程部门，和以信息论、控制论及系统论为核心的方法论学科的兴起，使科学在高度分化的基础上，形成了一个高度综合、浑然一体的网络结构。

我国有关部门在1999年12月进行了一次关于"20世纪影响人类生活的20大科技发明"的民众调查，结果是电脑位居"世纪发明"之首，其余各项依次为人造地球卫星、核能、因特网、电视机、激光、飞机、汽车、基因工程、无线电、光导纤维、航天飞机、雷达、克隆、避孕药、胰岛素、机器人、硅片、塑料和超导体。20世纪的技术发明深刻地改变了人类的生活方式，从而也使科学精神成为本世纪的时代精神。

当代科学的发展呈指数爆炸态势。本世纪60年代以来人类所取得的科技成果的数量，比过去的两千余年的总和还要多。有资料证明，截至1980年，人类社会获得的科学知识的90%是第二次世界大战30余年间获得的。人类的科技知识，19世纪是每50年增加1倍，20世纪中叶是每10年增加1倍，当前则是每3

年至5年增加1倍。

在当代科学技术的发展呈指数增长的过程中，科学的发展又呈现了新特征。当代科学技术发展形成的思维方式的特点是：从绝对走向相对；从单义性走向多义性；从精确走向模糊；从因果性走向偶然性；从确定走向不确定；从可逆性走向不可逆性；从分析方法走向系统方向；从定域论走向场论；从时空分离走向时空统一。

科学技术是历史变革的强大杠杆。发生在18世纪70年代，以蒸汽机的发明为主要标志的科学技术革命，推动西欧国家相继完成了第一次产业革命，使资本主义生产迅速过渡到机器大工业，为资本主义生产方式的建立奠定了物质基础。发生在19世纪末至20世纪初的以电力的发明为标志的科学技术革命，使电力取代蒸汽机成为新的动力，使社会生产力又一次得到迅猛发展。20世纪中期以后出现的以原子能的利用、电子计算机和空间技术的发展为主要标志，特别是以信息技术、新材料、新能源、生物工程、海洋工程等高科技的出现为主要标志的科学技术革命，推动了人类社会由工业经济形态向信息社会或者知识经济形态的过渡。

每一次科学技术革命，都不同程度地引起了生产方式、生活方式和思维方式的深刻变化和社会的巨大进步。

但是人类对世界的认识总是片面的，也缺乏对科技消极后果的控制，结果是科技在促进人类历史进步的同时，也在阻碍人类社会的发展。另外，私有制社会的生产方式也使科技的运用给人类带来了更大的危害。马克思在批判资本主义制度时指出："在我们这个时代，每一种事物好像都包含着自己的反面。……技术的胜利，似乎是以道德的败坏为代价换来的。随着人类不断控制自然，个人却似乎不断成为别人的奴隶或自身的卑劣行为的奴隶。甚至科学的纯洁光辉仿佛也只能在愚昧无知的黑暗背景上闪耀。……现代工业和科学为一方与现代贫困和衰颓为另一方的这种对抗，是显而易见的、不可避免的和毋庸争辩的事实。"①这表明科学技术对社会发展的两重性，运用不当会对人类造成伤害。

科技只是片面地用来开发资源，忽视了人的发展，结果产生当代高科技条件下的"全球问题"：人口增长过快、粮食短缺、能源和资源枯竭、环境污染和生态破坏等问题日益突出。我们的时代在为科学技术发展中所取得的进步而自豪的同时不

①马克思、恩格斯：《马克思恩格斯选集》（第1卷），人民出版社1995年版，第775页。

要忘记对人生的目的和价值的思考。科技进步要有利于人本身的发展，有利于组织人的劳动和产品分配，应当保证我们科学思想的成果会造福于人类，而不致成为祸害。

三、终极关怀的哲学世界

人总是要追问"我从哪里来？到哪里去？"这样的问题。人类渴望在最深刻的层次上解释世界上的一切现象，找寻确定的、简单的、必然的、规律的和统一的"终极存在"。找到"终极存在"，才能解释一切，奠定人类自身在世界中的安身立命之本，即人类存在的最高支撑点。

"自然是人的法则"、"人是万物的尺度"、"上帝是最高的裁判者"、"理性是宇宙的立法者"、"科学是推动宇宙的支点"、"人的根本就是人本身"，这些表达特定时代精神的根本性的哲学命题，就是哲学本体论在不同的历史时期为人类提供的安身立命的支撑点。它们是特定时代人类用以判断、说明、评价和规范自己的全部思想和行为的根据、标准和尺度，是统一万物的终极价值。

现实世界是由大量偶然组成的世界，它们杂乱无章，毫无秩序，如何在属人的世界中把它们统一，这是哲学"终极关怀"产生的客观依据。

人的"终极关怀"表现为各式各样的思想。对这些思想的反思是哲学的使命。非哲学的思想是直接具体地实现思维与存在的统一，从而构成某种具体的思想。而哲学的思想则恰恰相反，是人类思想的反思维度，是揭露思维与存在之间的矛盾，是在对各种关于"存在"的"思想"进行的反省和批判。

在古代，哲学家曾把知识当作认识对象，企图为世界提供包罗万象的"知识总汇"。结果是哲学与其他具体学科无法区别。近代，哲学把寻找"知识的基础"作为使命，企图寻找到世界最一般的规律和本质，使哲学成为"科学的科学"。在现代，哲学退出了"知识领地"，把"知识领地"还给科学，独自反思各种思想，揭露思维与存在的现实矛盾——即全部思想与人的存在的矛盾。

在传统中，哲学是世界观的学问，而如今哲学是关于世界观的学问。关于世界观的学问，不再以提供知识为目的，而是关心人的知识背后的思维的依据，即终极关怀。古人依据"人是万物的尺度"思维逻辑，去寻找朴素的生活知识；中世纪依据"上帝是最高的裁判者"的思维逻辑，寻找到了宗教生活知识；近代依据"理性是宇宙的立法者"的思维逻辑，寻找到了世俗生活知识；现代依据"科学是推动宇宙的支点"的思维逻辑，寻找到了商品社会的生活知识。

批判是人类特有的活动方式，它包括观念形态的精神批判活动和物质形态的实践批判活动这两大批判形态或批判方式。在人类的现实的历史发展过程中，否定世界的现存状态而把世界变成人所要求的现实的实践批判活动，既是精神批判活动的现实基础，又以精神批判活动为前提。这是因为，在观念上否定世界的现存状态、并在观念中构建人所要求的现实的精神批判活动，既为实践活动提供改变世界的理想性图景，又为实践活动提供满足人的需要的目的性要求。哲学的反思活动是一种观念形态的精神批判活动，它直接表现为对"思想"的批判过程。这主要是表现为揭示思想（使含混的思想得以澄明）、辨析思想（使混杂的思想得以分类）、鉴别思想（使混淆的思想得以阐释）和选择思想（使有用的思想得以凸显）的过程。

哲学反思对思想的揭示、辨析、鉴别和选择，并不是通常所理解的以某种确认的思想去代替其他的思想；恰恰相反，在哲学的反思中，所有的思想都是反思的批判对象。哲学批判所要实现的，是整个思想的逻辑层次的跃迁，也就是实现人类的思维方式、价值观念、审美意识和终极关怀的变革。哲学反思作为"批判的武器",它以自身的巨大的逻辑征服力去撞击人们的理论思维,从而使人敞开思想自我批判和思想自我超越的空间,形成更为合理的理想性图景和目的性要求,从而以实践批判的方式使世界变成更加理想的世界。

在哲学描述的世界中,知、情、意融会一体,真、善、美相互依存。引导人类追求"天人合一"的真,"知行合一"的善,"情景合一"的美。

哲学并不直接批判思想,而是批判思想的前提。任何思想,不管是常识还是宗教思想,不管是艺术思想还是科学思想,都隐含着构成其具体内容、也超越其具体内容的根据和原则。这些根据和原则以文化传统、思维模式、价值尺度、审美标准、行为准则、终极关怀等形式构成思想的立足点和出发点。因此,要变革思想,就必须变革构成思想的逻辑支点。这就要求人们必须从思想自我反思的第一个层次——思想内容的反思,跃迁到思想自我反思的第二个层次——对思想构成自己的根据和原则的反思,也就是对思想前提的反思。这就是哲学的前提批判。

思想构成自己的根据和原则虽然深深地"隐匿"在思想的过程与结果之中,但它作为思想中的"看不见的手"和"幕后的操纵者"，却直接地规范着人们想什么和不想什么、怎么想和不怎么想、做什么和不做什么、怎么做和不怎么做。这就是思想前提对构成思想的"强制性"。

思想前提也是人类任何文化样式活动的前提。无论是常识的、神话的、宗教的、伦理的、艺术的、科学的或哲学的都有自己的思想前提。哲学的思想前提反思就是揭示思想在自我构成中，究竟是以怎样的方式为前提。通过这样的哲学前提的提出，就会变革和更新人类把握世界的基本方式，从而实现思想的逻辑层次的跃迁。

人与世界的相互关系是哲学意识的内涵。正是反思人与世界的相互关系，哲学才能为现实的人提供价值观念、审美意识和终极关怀。因此，任何一种真正的哲学理论，都是黑格尔所说的"思想中把握到的时代"，都是马克思所说的"时代精神的精华"。

哲学作为"时代精神的精华"就是要超越各种具体的文化样式如艺术、宗教，超越个人的意识心理，形成最为集中的、最为深刻的、最为强烈的时代渴望。

20世纪的西方哲学，正是对以往哲学的前提批判实现了人们通常所说的由"观念"向"语言"转向，体现了新的时代精神，表现了人的存在方式的划时代性的变革。

"观念"体现的是个体理性把握世界的英雄主义时代，"语言"则体现的是社会理性把握世界的英雄主义时代的隐退。"观念"体现的是个人私德维系社会的精英社会，"语言"则体现的是社会公德维系社会的公民社会。"观念"体现的是个体的审美愉悦的精英文化，"语言"则体现的是社会的审美共享的大众文化。"观念"体现的是交往的私人性的封闭社会，"语言"体现的是交往的世界性的开放社会。"观念"体现的是主体占有文化的教育的有限性，"语言"体现的则是文化占有主体的教育的普及性。"观念"体现的是客体给予意义的对"思想的客观性"的寻求，"语言"则体现的是主体创造意义的对"人的世界的丰富性"的寻求。"观念"体现的是"人类征服自然"的"实践意志的扩张"，"语言"则体现的是"人与自然的和谐"的"实践意志的反省"。

哲学是一种学养，是一种"以学术培养品格"、"以真理指导行为"。在追求溯源、寻根究底的哲学探索中，人们会形成一种坚忍不拔的理想性追求。哲学永远是以理想性的追求去反观现实的存在，永远是以"历史的大尺度"去反省历史的进程，永远是以人类对真善美的渴望，去反思人类的现实。哲学把人从蝇营狗苟的计较中解放出来，使"小我"的行为中体现"大我"的精神。马尔库塞提醒人类一旦丢掉内心的否定性、背叛性和超越性，人就会变成"单向度的人"。哲学使人永葆理想的追求。

"对自明性的分析"是富含哲学智慧的座右铭。不停地对"熟知"的世界进行追问，是哲学的特色。这种追求是对"智慧"的热衷。

只有不断地批判，才会防止人生僵化，防止信仰教条，防止思想呆滞，防止智慧贫乏。

在批判世界中，更要有"明知不可为而为之"的英雄主义情怀。英雄主义情怀捍卫了人的尊严。捍卫尊严就是不向困难低头。有了尊严，才能堂堂正正，坦坦荡荡，才能"贫贱不能移，富贵不能淫，威武不能屈"。

哲学作为人类心灵的最深层的伟大创造，其主旨在于使人的精神境界不断地升华。哲学给予人以理念和理想，从而使人在精神境界的升华中崇高起来。哲学的修养与创造，是人们追求崇高的过程，也是使人们自己崇高起来的过程。

第五章　人的意义世界

人总是为某种意义而生存。一旦丧失了意义就如叔本华所言："人注定要徘徊在焦虑和厌倦这两极之间。"人越是忘掉自己，投身于某种事业或者献身于所爱的人，他就越有人性，活得就越有意义。寻找意义，就是寻找如何投身到人类的整体世界之中。

第一节　意义世界的追寻

人活得要有意义，有意义的人生必须追寻，在追寻中人把万物统一成人的世界。

一、寻找意义

人无法忍受与世界的分离，有了世界，个人才有了希望。有了五彩缤纷的文化生活，个体行为才有了意义。

有意义就是把物与物、人与人相联结，并形成生命整体。人通过各种方式把自己与世界相联结——神话、常识、艺术、宗教、伦理、科学和哲学。在不同的文化样式中，人感知到了具体行为的意义。脱离这些样式，意义就不复存在，即把个人与世界、行为与世界相脱离。

在"神话"的世界中，人的行为具有宇宙事件意义，从而在双重的幻化中构成了神话的意义世界。这样，人的生命的消逝具有了灵魂转移的再生的意义。

在人的"宗教"世界里，人因"上帝的神圣形象"而获得神圣的意义。宗教中的神圣形象，就成为一切力量的源泉，一切智能的根据，一切情感的标准，一切价值的尺度。人只有追随神圣形象，才能在天堂获得永生。

在人的"常识"世界里，世世代代累积经验，使人们得到最直接的相互认同、最广泛的相互沟通、最普遍的相互理解、最便捷的相互协调。人们在按部就班的生活中获得"常识"，并成为常识的发现者、受益者、传承者。

在人的"艺术"世界中，众多的"艺术形象"为人的生活提供了一个色彩艳丽的意义世界。艺术使个人的感受条理化、个人的感情明朗化、个人的体验和谐化，从而构成了一个表现人的感觉深度的世界，一个深化了人的感觉和经验的世界。在艺术的感召下，我们的心灵产生了"共鸣"，我们的生活变得更加"丰富"和"鲜明"。

在人的"伦理"世界中，人们用规范调整个人与他人、个人与社会的关系，并获得社会生活的意义。物我、人己、是非、利害、祸福、毁誉、荣辱、进退、生死、寿夭都要接受道德的批判，才能找到人生更高的境界。

在人的"科学"世界中，科学以它的各种首尾一贯、秩序井然的符号系统为我们展现各门科学所把握到的"物理的"、"化学的"、"生物的"、"数学的"世界，又为我们展现了当代科学把握到的"系统的"、"信息的"、"自组织的"世界。科学以它求真的态度，使人类的行为有了扎实的基础。

个人通过各式文化活动，把自己的生活编织成赤、橙、黄、绿、青、蓝、紫的"七色光谱"。而哲学在人生意义的追问中，把这一切光谱凝结成有意义的生活。

在人类意义的追寻中，人们始终无法脱离语言的中介作用。语言是人类独有的交往媒介和承载历史文化的"水库"。人只有掌握了语言，才可与社会历史沟通和交往，才能寻找人活动的意义。

语言以逻辑的形式预先将语言的运用者和世界相联结，使之具有了应有的意义。脱离语言，"世界"仅是物理存在，如同河水石头。只有在语言"介入"中，世界才会鲜活并变成人的世界。"语言"中凝集了人类认识的全部成果、人类文化的全部结晶，因而"语言"成为人历史文化的"水库"。脱离"语言"，也就脱离了历史，人的行为就丧失了意义，成为一种抽象的行为。

语言已成为人的生存方式。语言的变化反映了人的变化，又规定了人的变化，因而也就体现着人的历史性变化并规范着人的历史性发展。由此，哲学解释学提出了一种看法，即：人创造了语言，但人却从属于语言；人创造的不是一种工具，而是人自己的存在方式。

语言限定着个人对历史的理解，同时个人又用语言解释历史，这就是语言在个人身上体现的矛盾性。在"限定"与"解释"行为中，人找到了答案。这样，人以语言照亮了世界，世界成了缤纷的世界。

语言总是要表达观念的，观念借助语言并确定为思想，所以说"语言是思想的寓所"。另外，人们借助语言把握、理解和描述世界，所以"语言也是世界的寓所"。观念与世界只有借助语言而实现历史性的遗传，并积淀为人类的"文化"，因此又可以说"语言是历史文化的宝库"。

"理论语言"是人类语言的特殊表现，它不同于"日常语言"。人们在观察任何事物时总要以原有的理性认识为背景，使观察成为可能。由此可知，理论也在决定人对意义的追寻。但是时下，人类重视科学，忽视理论。认为科学"务实"，理论"务虚"。这种认识的偏见，一方面是由于现实的功利主义的影响，另一方面又取决于理论的抽象。抽象的理论总要和现实保持距离。正是这个间距，使理论引导个人更深层次寻找意义。如果没有理论，我们对生活的认识会是经验的、常识性的。

理论为我们描绘了世界图景。个人具有的理论素养越深邃，对这个世界图景的理解就越丰富。因此可以说，是科学改变了我们的世界图景。

理论不但决定我们的世界图景，也决定了我们的思维方式。结构主义在现代科学中广为流传，人们试图利用结构主义的方法去研究各门知识领域。

最后，理论又为我们提供了价值规范。任何理论都是一种命令和取向。它规定了我们应该做什么、不应该做什么。司汤达说："人在走向社会之前应当为自己选择几条座右铭。"这句话讲的就是理论的价值指导作用。

人有了更多的方式去把握世界，人就成了丰富多彩的人。人对世界的把握是否定的、批判的和超越的。只有这样，人才有活力，人生才会引人入胜。

二、价值创造

人们的实践活动总是受着真理尺度和价值尺度的双重制约。实践的真理尺度，是指人们在实践中必须遵循的客观规律。人们只有按照真理办事，才能在实践中取得成功。实践的价值尺度，是指人们在实践中所必须遵循的特定的实践目标。任何实践活动都是在上述真理尺度和价值尺度的共同制约下进行的，因此，任何成功的实践都必然是真理尺度和价值尺度的统一。

哲学上的"价值"是揭示外部客观世界对于满足人的需要的意义关系的范畴，是指具有特定属性的客体对于主体需要的意义。哲学上的价值概念具有最大的普遍性，是对各种特殊的价值现象的本质概括。如经济领域中某项经济活动是否具有经济效益；政治生活中某种政策是否体现了某个阶层的意志；精神生活中某种理念是否能引导的精神活动；艺术领域中某件艺术作品是否能给人带来美的感受等，都是主体和客体之间价值关系的丰富多彩的表现形式。

马克思主义的人生价值观是以集体主义为核心的。在个人和集体这对矛盾中，矛盾的主要方面是集体或者社会。社会虽然离不开个人，但没有集体或社会，任何个人都无法存在。马克思和恩格斯说："只有在集体中，个人才能获得全面发展其才能的手段，也就是说，只有在集体中才能有个人自由。"[①]因此，在人的价值问题上，马克思主义不仅十分重视社会对个人的尊重和满足，而且尤为重视个人对社会的责任和贡献。它坚持把人民的价值和社会的进步放在首位，把集体主义作为确定人的价值的基本原则和核心。

人在价值创造中，既遵循任何物的尺度，也遵循自己的尺度，是"合规律性"与"合目的性"的统一。因此，人是"按照美的规律来塑造"属人的世界。

人在创造"属人的世界"时就是把自己的意志对象化，使世界表达了我的心愿，成为可感知、可思考的我的世界。同时

---

①马克思、恩格斯：《马克思恩格斯选集》（第3卷），人民出版社1995年版，第84页。

人本身也得到了改造，形成了具体的内在的我的形象。

人的价值世界的形成是一个历史过程，是一代代具体的"我"努力的结果。这样，"我"也是在历史中创造属于"我"的时代，实现时代与历史统一。人的价值具有双重性。人作为主体，有权要求社会满足自己的需要；人作为客体，通过自身行为满足社会的需求。人的价值的二重性在于人能劳动。人在劳动中不仅是价值的享受者，也是价值的创造者。人具有创造价值的价值，这是人最宝贵的地方。

人的价值的二重性具体表现为个人的社会价值和自我价值的统一。

一方面，作为社会一员，个人要通过自己的劳动，贡献社会、创造价值。个人社会价值的大小，取决于他对社会贡献的价值的大小。丧失社会责任心，这个人就不会有社会价值。个人的社会价值大小受个人的社会处境所影响，也受个人能力和心愿所影响。社会进步就是要把每个人都从社会困境中解放出来，充分发挥他的社会价值。人的价值的大小取决于他的社会贡献。但是一个人无论能力大小、贡献大小，只要有为人民服务的决心和克服困难的坚强意志，努力实践，就是一个高尚的人、具有崇高社会价值的人。这是社会主义价值观的核心理念。资本主义社会把个人的价值的大小等同于个人财富占有量的大小，轻视人的社会贡献，这是个人主义价值观的表现。

另一方面，作为个人，要尊重自我，形成自我价值，就是要求追求人类进步的同时追求自我价值的实现。首先，个人要自强不息，永葆生命活力，使自我价值的实现有了内在的精神动力。其次，社会应维护个人尊严，满足个人合理的需求，并为此创造必要的各种社会条件。

人的自我价值和社会价值是辩证统一的，二者互为基础，互为目的。美好的社会做到了自我价值和社会价值的直接统一。而在私有制社会，广大劳动人民的价值是被压抑的、扭曲的。社会主义时期人民当家做主，个人以社会价值的贡献为己任，努力为人民服务，在贡献社会中，实现自我价值。

我国处于社会主义初级阶段，生产力落后，社会制度也不完善，这要求全体人民必须为国家和民族的富强而奋斗。

三、创造意义的意志

人以自己为产品，这是人与动物的本质差异之所在。动物属于自己的种族，脱离属种，动物就无法存活。而人是后天实践的产物，他可以按照任何种属的尺度，也可以按照"内在固有的尺度"，就是人的目的性要求去创造自己。这样，正如马克思所说，人"把自己的生活活动本身变成自己的意志和意识的对象"。

人创造历史的过程，也就是获得"本质"的过程，把世界变成属人世界的过程，并且"按照美的规律来塑造"人本质的过程。

人创造自己是在既定的历史前提下的行为。历史为后人指明了趋势，并提供了广阔的空间，在时间的长河中，人类的空间在不断扩展。由陆地到海洋，由海洋到天空。这样，人在不断超越着世界的范围。动物只是一代代重复原有的生命，而人则不断扩展自己的内涵，形成永不停息的历史。

人在今天，会为明天做准备，人不断发现今天的存在对明天的意义。

人在"一"的世界中，不断体悟世界的"多"。人们不仅看到了"太阳"，而且看到了"旭日"或"夕阳"；人们不仅看到了"月亮"，而且看到了"皎洁"或"凄冷"的"月光"。

在意义的寻找中，属人的世界大于现存的世界，人的生命世界也就大于现存的物理世界。

眼下，一些人急于"自我实现"而又唯恐"活得太累"，这大概是很难办到的。要想事业有成，恐怕总要活得累一些。而如果连事业有成的"志"都没有，那当然就连"人生的着落"也没有了。"三军可夺帅也，匹夫不可夺志也。""志"是人生幸福的灵魂。有了志向，人生就有了着落。没有"志向"，人就是"空虚的存在"。

人没有了志向，就会活得很累，因为他的生活丧失了创造性的源泉和动力。

在《钢铁是怎样炼成的》这部小说中，主人公的人生观激励了无数同时代的人们："人最宝贵的是生命。生命属于每个人只有一次，人的一生应当这样度过：当他回首往事时，不会因虚度年华而悔恨，也不会因碌碌无为而羞耻。这样，在临死的时候，他就能够说：我已把我自己的整个生命和全部精力都献给了世界上最壮丽的事业——为人类解放而进行的斗争。"

有了伟大的志向，看似渺小的行为才会有深远的社会意义。《钢铁是怎样炼成的》作者尼古拉·奥斯特洛夫斯基只是一名普通的苏维埃战士。他的事迹之所以感人，除了一颗真诚的心，更为重要的是他的志向——为人类解放事业而进行的斗争。正是他对自己志向的执着追求，才感动了无数的个人。

我们的时代过于看重个人对科技物质的贡献，忽视了个人品质对社会的意义。杰出人物对于时代和历史进程的意义，在其道德品质方面，也许比单纯的才智成就方面还要大。杰出人物即使是对科技物质的贡献，也往往取决于个人的品格。他们意志的坚强和纯洁，他们严于律己和客观，都影响了他们工作的业绩。

一个人的品格和境界，往往直接通过自己的本职工作表现出来。一个社会的道德面貌和道德水平，也是由各行各业的道德反映出来。职业道德比婚姻家庭道德和社会公共生活道德更直接、更集中地反映着一定社会的道德要求和道德水平。职业道德的有无和高低，突出地标志着一个社会精神文明发展的程度。古希腊的柏拉图曾认为，只要社会上从事各种职业的人各尽其责，各司其职，那么就会出现正义。每个人都根据自己所从事的职业，做自己应该做的事，完成自己应负担的工作，那么国家就会和谐。

与优良的品质相比，卑劣的品质中"冷漠"恐怕最具杀伤力。在冷漠中人和人之间美好的关系被冻结，这样的人的心灵是衰老的。如果他的行为还有冲动，只能来自于私利。

要保持热情，对生活火一般的热情可以融化"冷漠"的心态，使人幸福地生活。无论是生理疾病与衰老，还是工作生活困境，都不能埋没人的热情。生命的秘密在于好奇和创新，它调动了浑身热血，使人才思敏捷。我要用我们的热情去感染他人，让生活因我的存在而沸腾。

不要回忆失去的美好，要勇于面对挑战。问题不在于胜利，而在于勇气，在于我们对待困难的态度。这种积极的态度表明我们是生命的主人，生活幸福的人。在坚守中，虽然我们永无战胜困惑之日，但是世界却渐渐在我心中呈现，且日益完美。正如哲人黑格尔所言，同一句格言，在一个饱经风霜、备受煎熬的老人之口和在一个缺乏阅历的青少年之口，其内涵是不相同的。人的生命质量在于他的境界高低和创造的勇气。

人类在追求崇高时要避免用一种普遍的、必然的、本质的标准或依据去扼杀个体。防止以"标准"取代"选择"，以"崇高"凌驾"渺小"。防止被现代"存在主义哲学"称为"本质主义的肆虐"。

现代人在自我解放中以消灭"本质主义肆虐"为己任，结果却造成了现代人的另一种强烈的自我意识——"存在主义的焦虑"。这种"焦虑"是因为人类普遍丧失了"根据"、"标准"和"尺度"。是一种"耻言理想、蔑视道德、拒斥传统、躲避崇高、不要规则、怎么都行"的颓废思潮。在多元主义和相对主义的选择中，造成了"没有选择标准的生命中不能承受之轻的存在主义的焦虑"，也就是哲学所说的"信仰的危机"、"形上的迷失"和"意义的失落"。

没有了精神家园，现代人就陷入了物欲之中，人生就没有了价值和意义。市场经济把它的等价交换原则渗透到全部社会生活之中，并成为现代人的生活方式。马尔库塞提出：在政治领域，当代工业社会成功地实现了政治对立面的一体化；在生活领域，当代工业社会造成了不同阶层的生活方式的同化；在文化领域，当代工业社会使"文化中心变成了商业中心"，使"高层文化"取消了与现实的"间距"，使高雅屈服于低俗；而在思想领域，实证主义、工具理性的流行也标志着单向度思维方式的胜利。

这样就导致了攫取自然财富的人与自然的异化、素质片面的人与社会的异化、人际冷漠的人与他人的异化、萎靡颓废的人与自我的异化（精神抑郁和精神失常）。

现代人的这种"物化"或"异化"，使人愈益深切地感受到"精神家园"的匮乏：世界的符号化所形成的"无根"的意识、价值尺度的多元化所形成的"没有标准的选择"、终极关怀的感性化所形成的"信仰缺失"。超越这种"存在主义的焦虑",对时代性的"意义危机"做出全面的批判的反思,这是人类意识及其文化形式在当代的使命。

第二节　人生的意义

人生的意义不能脱离生活而存在,而且只有在生活中才有意义。

一、婚姻的意义

人总要携手同行。一生中,同你最亲密的莫过于妻子或丈夫。子思认为,君子之道应从夫妻关系开始,夫妻是人生的起点与终点。当你步入婚姻殿堂,你才开始了完整的人生旅途;当你告别人世时,只有他(她)才会真诚永恒地时刻怀念你。

人类的婚姻来自于理想甚至幻想。在没有恋爱时,我们总是想象未来美好的家庭生活。正是这份幻想,促使我们完善自身,苦寻知音。

但是商业时代把人的婚姻幻想中"美"的成分冲刷掉了。人们相信女性容貌的优先魅力,更相信男性财富的优先地位。婚姻变成了赤裸裸的商品交易。

在动物世界，强健的体魄，勇敢的意志，是获得雌性青睐的唯一条件。这是生存本能的法则。因为动物们只是不断地复制繁殖，没有理想或幻想。世界不是他们要改造的对象，他们所做的仅是为了适应的环境。为了适应自然界的各种挑战，必须有适度的体魄和必要的勇气。

动物们在争夺雌性时并没有恶意，仅是证明自己更适合充当种群的保护者和传递者。他们之间的"残酷"厮杀，仅是证明，而不是侵略、掠夺、残杀。而人会有嫉妒，会因他人的美好而产生破坏的心理和行为。嫉妒是人类进化中最卑劣的性情，它是幻想和自负混合而起的毒液。过高地估计自己，又想投机取巧，就会"恶"从心涌。忘记了朴实和奋斗，忘记了患难与共，就会忘记了人生应有的轨迹而走向邪路。

在原始社会，男子过着多妻制的生活，而他们的妻子同时也过着多夫制的生活，所以，他们两者的子女都被看作大家共有的子女；这种状态在最终分解为个体婚姻以前，又经历了一系列这样的变化："被共同的婚姻纽带所联结的范围，起初是很广泛的，后来越来越缩小，直到最后只留下现在占主要地位的成对配偶为止。"①有了固定的一夫一妻制，才会形成共同的家庭理想。但是家庭中两性之间优雅的成分只有完全抛弃了世俗的羁绊，才会显现。

在宗教世界，为了克服现实物质财富贫乏造成的窘态，"性"被妖化。这样，在贫困的时代，存在两性之间的人类仅剩的优美被扼杀了。生活的物质贫瘠，两性生活的枯燥，构成了可怕的人间生活；这反而逼迫人类向往天国的幸福。

在人类还没有从强制性的社会分工压迫中解放出来之时，由于两性社会职业分工的不同，两性之间也充满了主仆关系。这种主仆关系虽然不是男性强加给女性的，但却是男性集体所热衷的。通过家庭内部的分工压迫，男子缓解了社会压迫给他们造成的心理伤害。

虽然两性社会分工使人类社会行为有序、高效，但是，这是以牺牲两性之间的优美为代价的。结果是女性受压抑、被扭曲。

当生产力发展了，现代城市化生活加强了，人的性爱觉悟才普遍起来。关爱与合作成为男女之间各种行为的基本要求。

---

①马克思、恩格斯：《马克思恩格斯选集》（第4卷），人民出版社1995年版，第30页—31页。

人类开始脱离原始野蛮的两性生活，走向文明之路。

两性之情，激发出亮丽的火花，吸引了无数的青年男女。莫洛亚在《生活的艺术》中说："人类爱情的奇迹，就在于能在单纯的本能和欲念的基础上，修起细微复杂的感情大厦。"所以有人说："人世间最激动人心的情感，大概就是爱情。有人把爱情比喻为水，显示出柔情的魅力；有人把爱情比喻为花，显示出诱人的芳香；有人把爱情比喻为诗，显示出难以言说的美丽。"只要有了爱情，哪怕最荒凉的世界也会充满活力。所以培根说，"爱恋之心蔑视死亡"。在疯狂的恋人面前，结合胜过死亡，凡是可歌可泣的恋爱故事，均是如此。罗密欧与朱丽叶，梁山伯与祝英台，视相爱为美丽，忘记了面对"死亡的恐惧"，甚至是"蔑视死亡"。

正因为两性结合是人世间最美好的一幕，所以，人类总是渴望爱情。有了爱情，人生的宇宙就有了太阳。

年轻人都渴望恋爱，渴望收获爱情。说不出什么理由，常常事先也没有什么考虑，只是当某人在某个时刻闯入自己的生活，自然而然地想爱了，典型表现就是一见钟情。一见钟情大都执着于对方的风度、形象、气质或言谈举止，迅速而猛烈地燃烧起来爱火，情感自然、率真而热烈。这是感性的选择。它可遇而不可求。另一种爱情获得的方式是理性的选择。理性的选择是一种深思熟虑、冷静分析和全面衡量后所做出的选择，进入理性视野的不仅是对方的仪表、形象、风度、气质，而且还要考虑对象的品德、才能、学识，还有家庭出身、身份地位、经济状况、文化程度、职业性质以及性格、爱好、兴趣等多方面的内容。当事人乐观地认为美好的爱情一定是这许多美好方面的同时兼具，爱情应是完美的事物。

但是，商品世界腾起的消费主义烟雾，遮蔽了太阳，使爱情成为难觅的奢侈品。传统的性爱观念瓦解了，性与爱、肉欲与情感不再彼此相连，而是分裂成两个截然不同的部分。在一个崇尚感官享受、肉欲泛滥成灾的时代之中，男女之间少有"刻骨铭心，矢志不忘"的心灵震撼。爱的情感一旦为性的欲望所遮蔽，现代婚姻也就失去了应有的意义。

夫妻离异既是对"无爱"的解脱，也是对"想爱"的冲击。人们发现现在夫妻离异的原因主要有7种，即双方性格差异较大，思想观念不同，导致双方无共同语言，感情生活平淡无味；夫妻性生活不和谐；一方缺乏家庭责任感；出现家庭暴力；第三者插足；一方在外，长期分居；婆媳矛盾、家庭矛盾突出。其中性格不合、感情不和是最主要的原因。这一方面表明感情在人们的婚姻观中占据的分量更重了，这也是社会进步、观念更新的表现。另一方面表明现有的婚姻缺乏爱情的滋润，使婚姻成为苦涩之果。

凡是没有共同理想的恋爱、婚姻和家庭都埋藏着分离的可能。各种冲突，哪怕是微小的误解，也会引来火山喷发，烧毁一切。有了共同的理想，才会自觉负担责任，而不是大讲彼此的义务；有了共同的理想，才会互谅、互敬、互慰、互勉、互助，做到"同甘苦，共患难"，勇于担当，使"漫长而又巨大的苦役"变成涓涓流淌的幸福的源泉。

有人认为是婚姻毁掉了爱情。结婚使相爱的人必须承担责任，限定行为，使自由、随意的爱情有了负担。

有人认为是日常琐事毁了爱情。每日重复的家务、必需的应酬磨损了激情，使两性交往没有了必要的相处时间。

有人认为是终日厮守毁了爱情。熟知使生活没有了渴望、好奇，使两性交往没有了冲动的心理。

其实，爱情是需要永久的担当。结婚代表着我们用婚姻拒绝他人的骚扰，婚姻就表明了我们珍爱与呵护的决心。只有婚姻才能证明真爱之心，而不是苟合或者玩弄对方。婚姻表明相爱是纯洁的，它不仅是需要，更是用一生创造未来。

其实，爱情的表达不仅是语言、礼物和肉体，更重要的是在各种行为中密切地不间断地交往。只有家庭交往，才表明我们彼此多么渴望待在一起，在家里交往我们才有不被打扰的时间。

其实，爱情既来自于心理好奇、肉体冲动，更来自于彼此真正的懂得。只有真懂，才能成为知己，才能把世界变为只属于婚姻双方的世界。

如果婚姻中没有爱情，我们就不知是否用一生为一个人尽无限的责任和义务。没有爱情，婚姻变成了对等的交往，而不是不分彼此的交融。没有爱情，如果多付一份心血没有得到及时的回报，就会造成伤害。事实上，在家庭生活中，这种不对等的付出会长期存在。在付出时，总是担心对方负心，生活就成了折磨。所以没有爱情的婚姻，总会萌发婚外之情。

婚外情的泛滥，并不表明当事人感情的充实和富有。不懂真情应是付出，只把心理情感的一时渴望与满足当成真情，人就无法与动物相区别。马克思曾经说过，人们对待两性关系的态度，能够最显著地表明一个人的教养程度。

人类生活中最为崇高、最为重要的东西是事业，人不仅需要爱情，更需要劳动、工作和学习。爱情，总是最终服务于事业，才会光彩照人。

二、自我人生的意义

有时现实总是不完美且又无奈的。是放纵？是放弃？是逃遁？还是升华？这是对自我人生的不同回答。

人既是社会历史发展的杰作，又是社会历史的创造者。可以说人是双重的，这是人的奇妙之处。也可以说人是分裂的，这是人的悲剧之处。

对于生存而言，外面的世界是诱惑的世界。高楼大厦耸入云天，高级轿车到处奔驰，高档时装花样翻新，高级享乐五花八门。面对诱惑，人容易迷失"自我"，而陷入欲望的深渊。

对于发展而言，外面的世界是挑战的世界。浩瀚神秘的宇宙，错综复杂的社会，变幻莫测的事物，五光十色的生活，这一切都容易激发"自我"好奇的心态，投入探索创新的潮流。

人类社会对人的呈现，并不总是一个面孔，它具有不断发展的阶段性。在不同的阶段"自我"拥有了不一样的表现，并且又向未来不断迈进。

在古代，人们过着家庭生活。社会就是家庭，家庭就是社会。在自然经济的依附中，人对人产生了依附。人的生活首先是周而复始的普通生活，每个人都踩着前辈的足迹，有序地走完一生，人人都是同路人。其次，人的生活是神圣化的过程。由生到死，习俗使每一阶段的个人的性格都更加丰满，人格更加完善，阅历更加丰富，人人都是圣贤君子。最后，人的生活是充满道德的过程。关爱他人，是人生的宗旨。家人相爱，邻里相爱，社会人皆相爱。如同古代所提到的"君王爱臣民，臣民爱君主"。

在近代，家庭经济解体，市场经济逐渐建立。人类逐渐远离了家庭温暖，迈进了残酷竞争的财富世界。竞争成了无序、无德社会的主题。人不再是彬彬有礼的君子，而是斤斤计较的小人。人格、灵魂不再被重视，生存下去的本能渴望，使人在疯狂与压抑的双重折磨中苦熬。人把一切仇恨都指向了同类。人类用各种极端的手段，掠夺并不富裕的世界。此时，人类的观念也发生了巨变。首先，人们把欲望的满足当成了幸福。商品生产成了人类欲望满足的最有力工具。其次，理性变成了无情竞争的依据，道德被视为迂腐的象征。科技成为人类挖掘地球财富的强有力的杠杆。最后，资本自由流通的本性被视为人的本性，自由、平等、民主成为商品社会的政治信条。人因此具有了物的本质。

在完全充分的现代市场面前，人完全丧失了自己的本性，完全依附于物。正如马克思所言，物的价值同人的价值成反比。人的生活被完全物化了。物化的世界形成了以下各种潮流：

习俗科学化。在"科学主义思潮"盛行的世界，个人只有终身接受教育，才能有话语权，才能说懂得生活。而学科的细化，使每一个人的话语能力都被肢解，个人终生只能是某一学科的专家或者是某一学科的一知半解者。传统"生活常识经验化"的现象消失了。

消遣娱乐化。日常消遣是体验生活和回味生活，是不断提升生活的质量。传统的日常消遣的内容和表现手段，直接来自生活和生产本身，是生活和生产者自己在总结自己。所以日常消遣是自娱、自乐、自珍、自爱。现代娱乐是"忘我"与"欲望"。无论是唱歌、跳舞、绘画、看电影、听音乐、读小说，均是为了忘记在社会中"压抑的自我"，唤醒在社会中"欲望的我"。广告、时装秀、博览会无不推波助澜，使人产生幻觉的快乐和希望。

交往社会化。传统生活中人们不断找寻彼此背后深藏的情感关系，使人的情感有所依托，心灵有所归属。相互慰藉、相互帮助、相互认同是传统交往的目的。人与人的日常交往是建立在情感基础之上的。情趣相投的人越聚越多，越聚越密切。

而在市场条件下，人与人的交往被生存利益所左右。为了获得更多的利益，人在交往对象的选择上，不得不注重利益的得失。为了利益的快速获取，交往采用了社交方式。礼节与场面成了十分重要的因素，而感情被利益交换所代替。传统的友谊变成了"人一走，茶就凉"的社交应酬。

传统社会个人行为凭良心约束自己，依道德裁判事物。人们世代住在一起，日久天长，人品成为人们行为往来的依据。人品高尚者受大众欢迎，人品低劣者遭众人排挤。而市场经济导致利益交往频繁，不同利益者彼此陌生。这样人与人之间不再被信任。所以行为只能依法进行，如果法律监管不严格，就会出现"信任危机"。

在市场浪潮中，个人成为一叶孤单的浮萍，不知会飘向何方，自我又该怎样把持？

完全传统式的生活终将打破，市场化的生活方式也不会长久。那么人又该如何生活呢？

人既是现实存在的，又是历史的存在。人在市场化的今天，只有不断找寻自己的历史存在，才能克服"自我"在现代市场生活中的迷失。正如有人说，现代人的寂寞不是凄风苦雨、独对孤灯、远怀友人故乡的酸楚，而是灯红酒绿、用体温互相慰藉的悲凉；现代人的孤独不是窗外高挂的明月，不是阶前急扣的雨声，而是只有情节没有情怀的连续剧，是拨几个号码就可以找寻的无话电话，是人潮汹涌中竟无一人相识的街头。现代人不缺少素材，却缺少故事。一切都不知从何说起，一切又都焦躁不安。

然而，眼前的忙乱，使人无暇顾及历史，人们把爱与恨都倾注在匆匆的忙碌之中。"小我"远离了历史，原本外界的一切都是历史的载体，均是人生命的组合体。可是在利益面前，它们仅是有用与没用之物，可做与不可做之事。

人因利益而疏离，因理想而凝聚。现今社会，人们只关心"马上兑现"、"马上获利"，忘记了共同的理想，难免孤单和疏远。人们钻入利益堆砌的世界中，寻找"自我"的证明。广告、模特、明星、时装、股票、证券、桑拿、发廊、小说、歌曲、电视剧、购物，无不为"自我"指明了行为方向。但人被完全物化了。人成了物的代言，被眼前的形象所吸引，忘记了形象背后人的历史。人随物而飞舞。米兰·昆德拉在《生命中不能承受之轻》一书中写道："所谓'新潮'就是竭力地赶时髦，比任何人更卖力地迎合既定的思维模式。现代主义套上了媚俗的外衣。""也许最沉重的负担同时也是一种生活最为充实的象征，负担越重，我们的生活也就越贴近大地，越走近真切和实在。相反，完全没有负担，人变得比大气还轻，会高高地飞起，离别大地亦即离别真实的生活。他将变得似真非真，运动自由而毫无意义。那么我们将选择什么？沉重还是轻松？"①所以说，人类迷失在利益选择之中。

如今中国正走向商业时代。西方商业社会已有的弊端在中国会发生堆积变异，应备受关注。我们是否也会在商业大潮中，变成个人碎片，迷失方向？这一切不仅是困惑，也是现实。早在近二百年前，德国哲学家叔本华就告诉人们："人类注定永远在两极之间游移；不是灾难疾病，就是无聊厌烦。"

三、死亡的超越

人的个体生命是有限的，死亡是人对自身存在的最终归宿的自我意识。人类意识的超越性，最为强烈地表现在它要超越自我意识到的死亡，以自己的生命的追求实现自己"诗意地居住在大地上"。

最让人感到恐惧的是死亡。死亡意味人的生命活动的彻底

①米兰·昆德拉：《生命中不能承受之轻》，作家出版社1991年版，第3页。

丧失。死亡对于所有的人都构成威胁，它使生者不间断地寻问生的意义。

死亡就得失而论，是丧失现有的一切，正如"生不带来，死不带去"。所以自私的人是最害怕死亡的，他们害怕的并不是死亡本身，而是害怕失去的痛苦。

死亡正因为要结束一切，所以对于生活在绝望中的人一定是一种难得的解脱。

死亡会给死亡者的亲人带来痛苦，一种永恒分离、不在一起的痛苦。活着的人所做的一切，对于死者已毫无意义。生者无法再关爱死者，无法与死者息息相通。

在悲观者看来，死说明生是毫无意义的，所以生死是"一贯"的。乐观者认为死是转世，死是永生。如果死就是死，生就是生，那表明个人就是个人，社会就是社会，二者毫不相干。

其实人的生是永恒的，死仅是一种暂时的现象。因为人既是个人，又是社会人。人是社会所生，人也为社会所活。当个人结束了生活，也仅是结束了自己，而他的社会性却永恒存在。所以，人是永生的。这种永生不是经验中个人式的永生，而是社会式的永生。

动物的生命有生，也有死。因为动物的生命是个体式的，它没有社会性。动物生时，并不改变环境，所以它的生就无法永恒存在。一个动物可能改变了另一个动物的行为，但是这种改变不会遗传，因此也不会永生。而且动物对动物的改造是非自觉的，所以改变并不表明动物有自己可延续的生命。而人则不同，他（她）必须改变环境，否则就无法生存与发展。在环境改变中，他就把自己的生命意志注入了环境中而永生。

人在改造环境中，遵守美的原则，即生命的原则。个人不但使自己美好，也使世界美好，并且使二者相融合。这种美好，已不是自私的、经济的追求，而是"懂得按照任何一个种的尺度来进行生产，并且懂得处处都把内在的尺度运用于对象；因此，人也按照美的规律来构造"。"春有百花秋有月，夏有凉风冬有雪。若无闲事挂心头，便是人间好时节。"人要是能以"美"为原则，就没有生死之别，只有遗憾与庆幸，且能"诗意地居住在大地上"。

忘掉"自我"中私利的成分，保持"美"的追求，人生就会"大智若愚"、"大巧若拙"、"返璞归真"、"自然而然"，生就会充满永恒的快乐。

人的生命活动，必须努力，即使成就很小。努力是面对世界，与万物同呼吸。"老僧三十年前，未参禅时，见山是山，见水是水。及其后来，亲见知识，有个入处，见山不是山，见水不是水。而今得个休歇处，依前见山只是山，见水只是水。"洞见万物，融为一体。

自私的人去努力，为了占有湖光山色之美，所以焦虑地辨别万物；而觉悟的人是为领悟个人与万物一体，所以见山是内心宁静而喜悦，是"天人合一"。人用山水熏陶人的内心世界，使个体和社会日渐丰满。

人把一生托付给良心，人就有了自我崇高之感。中国人在对外求索中，追求"中庸"的内在人格。并以人格为依据，肯定自我。中国文化的伟大智慧就是过一种"此岸即彼岸"的生活。彼岸寓于此岸之中，此岸体现彼岸。

良心是对他人的善意和善行，又是树立自我的依据。良心在善行中塑造；脱离善行没有良心；良心不为善行而存活，仅是自己原有"善端"的发扬。

中国文化避免了内外对立，走向融合，达到"物我两忘"，"物我不分"。满足物，就是满足我的良心；满足良心，也是满足物。而且，万物预先存在，人法天地，万物为我。一旦万物精神皆备于我，我就"同于大道"，自由驰骋。

在中国人看来，人活着要"替天行道"。使人顶天立地，使生命有了终极关怀。

科学家爱因斯坦在《探索的动机》一文中，提出科学家有三种不同的"动机"："有许多人之所以爱好科学，是因为科学给他以超乎常人的智力上的快感，科学是他们自己的特殊娱乐，他们在这种娱乐中寻找生动活泼的经验和雄心壮志的满足。在这座庙堂里，另外还有许多人所以把他们的脑力产物奉献在祭坛上，为的是纯粹功利的目的。如果庙堂里只有我们刚才驱逐了的那两类人，那么这座庙堂就绝不会存在，正如只有蔓草就不称其为森林一样。因为，对于这些人来说，只要有机会，人类活动的任何领域他们都会去干；他们究竟成为工程师、官吏、商人，还是科学家，完全取决于环境。然而，除了这种消极的动机以外，还有一种积极的动机。人们总想以最适当的方式来画出一幅简化的和易领悟的世界图像，于是他就试图用他的这种世界体系来代替经验的世界，并来征服它。这就是画家、诗人、思辨哲学家和自然科学家所做的，他们都按自己的方式去做。各人都把世界体系及其构成作为他的感情生活的支点，以便由此找到他在个人经验的狭小范围里所不能找到的宁静的安定。"由此可知，人类的终极关怀，绝不是渺小的个人的安慰，而是大写的人生。

第六章　现代生活世界

现代人的生活世界是以科学、消遣、社交、法治为特征的。传统的经验生活被淹没。在传统社会中个人的、区域的经验被传承为普遍适用的思想准则和行为规范，它以最实际、最亲和的形式支撑人们的日常生活。生活与个人完全一体化，在经验的生活时代，个人是生活的创造者和传承者，个人是生活的标志，个人以自己的生活为荣。在现代生活中，社会机构与组织是生活的创造者和传承者，个人仅是生活的适应者、消费者。个人被规划，同时也被抛弃。

第一节　现代生活的凌乱舞步

现代生活是物的文化，是商业文化。生活不是个人的神圣化过程，而是去神圣化过程。这个究其根本在于科技的魔力，它创造了商品交换的可能和必要，也把人卷入了商品交换的海洋。

在经验生活世界，人们在话语方式、价值观念和行为方式上是普遍认同的。人们自然而然地生，自然而然地长，少有困难。而在现代社会中，语言方式、价值观念和行为方式是由商家和机构推动的浪潮，一波淹没一波，让人倍感隔离并且沟通艰难。人的一生由追求浪潮的弄潮儿最终变成搁浅者和触礁者。多数人以失望退场。

一、科技精神的束缚

用科技精神取代日常经验是人类发展史的一大进步，使个人由狭隘的区域生活变成社会化生活，使个人的视野和活动范围极度扩大，个体创新能量得到极度发挥。但是，正如人类的发展总是由片面到全面一样，人的生活世界也是如此。在科技精神的指导下，个人的生命体验被否决，一切都必须拿到实验室中，证明是否是真理。人类用社会组织暂时取代了个人；个人只有进入社会组织中，才能暂时融入现代生活。但是，进入社会组织是通过竞争来实现的，所以总有一些人，在某些时刻被排挤出社会组织之外，而成为现代社会生活的弃儿。这一情景是大量、经常发生的，人们俗称为"失业"。失业，使失业者没有了社会归属感。时间一长，如果没有丰厚的积蓄，失业者就会厌倦人生，自甘堕落。在传统社会中，个人一生下来就永恒地归属于特定的生活。只有极少数人，在特殊的情况下，成为流浪者。

对于科技给人类带来的巨大进步，马克思曾经阐述了这样一个真理：区分一个历史时代，不在于"生产什么"，而在于"用什么"生产。马克思说："手推磨产生的是封建主为首的社会，蒸汽机产生的是工业资本家为首的社会。"[①]传统的手工劳动，只能是简单的几个人的互助式劳动，社会分工不发达、不明晰；由于生产能力低下，财富积累缓慢，所以生活是日复一日、年复一年的重复式的生活。这样，个人虽然是生活舞台的主角、灵魂，但是个人与个人之间差别较小，个人无法影响更多的事物。所以经验世界的生活是狭隘的。

商品经济作为现代科技的孕育之母，使工具理性成为强大的现代信念。工具理性破坏了神圣信仰和灵魂拯救的传统经验化的个人生活模式，使谋利变成了现代生活的灵魂，因此效益原则成为一切行为的原则。

[①]马克思、恩格斯：《马克思恩格斯选集》（第1卷），人民出版社1995年版，第15页。

为了获得更多效益，人们就必须在学习、生产和生活的工具、手段、途径等诸多方面实现程序的科学化、规范化和标准化。曾经是个别手艺人经验的技能，今天完全普遍推广了。科学化、规范化和标准化，使一切都能精准测量，这样经济效益才会有可靠的依据，并能实行精准控制和管理。

企业工艺革命就是把单个人的经验变成了普遍法则且生产可以通用的部件要素。18世纪末，美国发明家惠特尼革新传统工艺，以互换部件的方式制造枪械，走出了标准化生产的第一步。企业开始广泛采用的生产流水线，就是经典的标准化流水线。现代工艺讲究齐一性、通用性、可重复性、可置换性的标准，能带来生产的大批量、高效率和低成本，从中获取较高效益。

科学已成为可以计算的技术，而且只有成为可计算的技术，科学在现代社会才有一席之地。原本科学是人对世界广博性的探究和人的生活广博性的指引，而今天科技只能服务于生产商品的技术，而人的生命活动也在技术优先论的影响下，成为生产商品的工具。这样科学变成了技术的奴仆，而技术服务于商品，人的发展被忽视了。

在技术优先论的影响下，自然界被看成可以加工的并能带来最大利润的原材料。而人则是被限定的具体职业角色，并按企业标准组织、管理和训练每一个公民，人的广泛的社会属性被忽略和限制了。人在大机器面前，整个人都非人格化了。

严密分工协作，使个人仅是产品的局部的部件生产者，他仅是"总体工人"的一个细节，他无法感知自己独立创造、生产的乐趣和尊严。

工人的素质日益单一，且在某个方面又日益精准和娴熟。机器是企业的灵魂，而劳动者则丧失了人的灵魂。机器运转的效率，决定了工人们生理呼吸的频率，而他们的思想则停止了运转。人只是可以置换的部件：准确无误、规范高效的技术操作者。技术工作时间和生理需求确定了工人作为部件更换的时刻。马克思曾指出："一个单独的提琴手是自己指挥自己，一个乐队就需要一个乐队指挥。一旦从属于资本的劳动成为协作劳动，这种管理监督和调节的职能就成了资本的职能。"[1]工人已经完全丧失了自由，农民那种松弛有度的自由生活也已经完全丧失了。

不仅仅是工厂，整个社会行为都标准化了，人们按照时间整齐划一地行动。有人说："时钟不仅是一种计时手段，也是

①马克思：《资本论》（第1卷），人民出版社1972年版，第459页。

协调人类活动的最好方法。工业社会最关键的机械就是时钟，而不是蒸汽机。决定能量，确定标准，实行自动化，研究更为精确的计时方法，每种都与钟表有密切关系，都表明钟表是现代技术最了不起的机械产品。"[①]时间原本是运动着的物质存在方式，如运动中的太阳形成时间"年"的概念。但是在时钟那里，时间不再可变，而是"均匀间隔的标准刻度"。人类也被时钟标刻出不同的时代——富有的时代或贫困的时代，人类仿佛只是为财富而生存。

由于科技推动了社会分工的细化，市场经济开始发达。廉价的商品打开了世界大门，一切都被卷入商品的洪流之中。生产、分配、流通、消费成为现代人类一切活动的中心线索。人们的消费意识、消费能力、消费结构、消费水平、消费习惯都发生了翻天覆地的变化。节俭已不再成为美德。追求高消费，成了新的人生理想。人被"物"的流动所决定。

二、过度消费的迷失

传统的日常消遣主要包括闲谈、讲故事、下棋、玩牌、游戏等。消遣主要是一种纯精神娱乐、精神陶冶、精神融洽。这

① 列文：《时间地图》，安徽文艺出版社2000年版，第89页—90页。

种消遣的具体内容均与日常生活相关，所以是个体生命不可缺少的活动。没有消遣爱好的个人，必然是乏味和浅薄的人。

现代日常消费取代了传统的日常消遣。虽然"消费"和"消遣"只有一字之差，但是却有本质之别。"消遣"是自娱自乐，"消费"是享受社会服务。"消遣"是寻找平等，"消费"是寻找高人一等；"消遣"是精神活动，"消费"是财物消耗；"消遣"是相互关怀，"消费"是相互攀比。总之，"消遣"中我们看到了人与人关系的密切，"消费"中我们看到了人与人关系的疏远。

消遣由当事人自动发起；消费由商家精心操作。这样各种消费形式遍地开花。歌厅、舞厅、K厅、游戏厅、酒吧、网吧、陶吧、咖啡厅、音乐茶座、台球厅、健身房、网球场随处可见。

现代传媒手段也迅速地推动了各种消费方式的普及。传统的口头传递、纸张宣传受时间空间的限制，传播速度慢。现代电子传媒具有即时性和无孔不入的特点。广播、电影、电视、录音、录像、光盘、互联网等新型传播手段得到了广泛运用。随着微电子技术、卫星传送技术、光纤通信技术和光储存技术的迅猛发展，大众传媒会使人类的消费活动走向疯狂，最后

"适得其反"。

现代娱乐的商品化、商业化和产业化，导致娱乐产品的标准化和程序化，结果是批量生产和大量复制，形成娱乐产品的雷同和庸俗。这种状况，导致了另一极端的产生。反标准和反程序的另类娱乐产品脱颖而出。各种光怪陆离的现象异军突起，使人们本已混乱的心理更加无序。

交往在人的生活中占据举足轻重的地位。正是在交往中，人人关系才能建立，人的社会性才能体现，人的价值才能发挥，人才能找到幸福。在传统交往中，人与人之间的交往主要是情感交往。人为情而来，又为情而往。如果交往不带来精神愉悦，人们就会中断交往。即使礼节性的交往，也以情投意合为前提。否则被人认为虚伪、不真诚，或者别有用心。这种以情为核心的交往是出于人对人的认同与需要，它不同于以物为核心的商品交往。所以交往者都是志同道合之人，人品相配之人。人们注重"类同"，而不是彼此利用。这种以情为前提的交往，是建立在自给自足的自然经济基础之上的。个人之间、家庭之间没有了物的依赖关系，情的交往才能凸显。情的交往，呈现了其乐融融。

现代市场经济对人的交往的冲击就是去人情化，变成了仅是物的往来。马克思指出,产生了商品经济,"才形成普遍的社会物质交换,全面的关系,多方面的需求以及全面的能力的体系"。商品经济"把一切封建的、宗法的和田园诗般的关系都破坏了","一切固定的僵化的关系以及与之相适应的素被尊崇的观念和见解都被消除了,一切新形成的关系等不到固定下来就陈旧了","一切等级的和固定的东西都烟消云散了,一切神圣的东西都被亵渎了"。由于追逐利益,人的交往不再是私人的交往,而是社会交往。人们必须与社会各类部门打交道,人与人关系社会化了。人们用公用的社交语言和礼仪进行往来。不懂得社交技巧,就无法进行社会沟通。传统交往中以"情"动人,今天则以"礼"和"物"动人。虽然为了求利,人的交往对象和范围在扩大,人的活力在增强,但是人与人的情感却在疏远。真是"人一走,茶就凉"。没有牵挂和关怀。不问生死祸福,只求眼前利益。为利,人与人之间可以诉诸法庭,全然不觉有碍感情。人对人的感情已完全丧失,仅剩对物的感情。马克思指出:"它无情地斩断了把人们束缚于天然尊长的形形色色的封建羁绊,它使人和人之间除了赤裸裸的利害关系,除了冷酷无情的'现金交易',就再也没有任何别的联系了。它把宗教虔诚、骑士热忱、小市民的伤感这些情感的神圣发作，淹没在利己主义打算的冰水之中。它把人的尊严变成了交换价值，用一种没有良心的贸易自由代替了无数特许的和自力挣得的自由。"[①]为了这种随机的利益交往不被任意破坏，全社会一切利益往来都"契约"化了。人们在法律约束的范围内进行往来。一切有效、有序，但是没有了人情。

三、法律至上的冷漠

人在社会利益交往中形成了法律。正如恩格斯所言："在社会发展某个很早的阶段，产生了这样一种需求：把每天重复着的产品生产、分配和交换用一个共同规则约束起来，借以使个人服从生产和交换的共同条件。这个规则首先表现为习惯，不久变成了法律。"[②]

市场经济是竞争经济，这是法律产生的根源。如果没有竞争，经济往来仅是互通有无，那么人们行为遵守的仅是习惯，而不是法律。换个角度讲，如果行为往来仅仅取决于当事人的主观情愿，那么就不需要第三方仲裁。而竞争是客观的压迫，

①马克思、恩格斯：《马克思恩格斯选集》（第1卷），人民出版社1995年版，第274页—275页。

②马克思、恩格斯：《马克思恩格斯选集》（第1卷），人民出版社1995年版，第211页。

是对当事人客观利益的不自觉侵犯。为了把侵犯控制在特定的范围，全社会都要预先制定规则，并由政府监督执行，这就是法律。法律维护的是一种以主体的平等独立和平等自由的交换为基础的经济形态。国家则对人们的行为是否合理、利益是否正当做出权威性的认定，并以法定权利促进正当合理的利益追求，制止不正当、不合理的利益追求。法律只有能从长远的角度调节大众利益，才能树立权威，人们才能认同法律。所以法律不仅是制约，更是引导。就引导的功能而言，法律是一种信息资源，它意味社会发展的方向、程度、层次，所以掌握了法律，也就掌握了社会中最长远的利益。

公民维护法律权威，也是维护自己的利益不受侵犯。一旦法律丧失权威，社会就会出现以强凌弱的现象。法律需要公民信仰，需要公民自觉的、积极的守法精神。这样，法律才会因避免了诉讼而减少了行为成本，使个体自由行动。

法律成为信仰，就必须使法律能真实地保护弱者的利益。只有法律不再是异己的、陌生的、强迫的、可畏的，法律才能成为人们自觉遵守的规范，法律才能真实地推动社会进步。

但是，法律至上，会导致人的道德意识的削弱。法律能解决物与物的矛盾，却无法解决人与人的心灵矛盾。人与人心灵矛盾需要个人的道德觉悟，所以，孔子说："道之以政，齐之以刑，民免而无耻；道之以德，齐之以礼，有耻且格。"

追逐利益且保护每个人的合法利益，是现代法律的本质。而现代社会是通过社会分工来完成每个人的需要的。因此，任何个人都不可能单独完成自己的欲望；在实现自己私利的同时，要达到互利原则，讲权利与义务对等。但是互利原则，仅是效果上的互利和主观意愿上的自利。

在法律世界中，原则上排斥行为中的情感因素，以利益为原则。从利益行为的角度而言，当一个人与另一个人打交道时，可以不考虑对方的世界观、感受和艺术口味等人格因素，一切都以是否满足了自己的需求为原则。只有当事双方均感到个人利益可以实现时，才能达成协议。

热衷于计算是法律契约关系的另一重要特征。获利和维护自己利益是契约的本质，所以法律是比较理想的实现个人目的的工具。在市场机制的作用下，追求利益最大化使每一个契约签订者都倾向于逃避责任和义务。只要他从不诚信的行为中得到的好处大于他为此付出的成本或者代价，他就会毫不犹豫地把诚信抛到一边。

人类在重视法律的同时，也要重视道德的作用，防止冷漠在人间扩散。

四、网络生存的复杂

现代生活中，网络已成为全新的现象。"经验"使人固定在狭小的区域，"科技"把人整合成无意志的整体，而网络则把个人变成了"世界的主人"。在虚拟的网络世界中，没有传统意义上的疆域、习俗、组织和政府，个人可以随心所欲地寻找和构建自己的疆域、习俗、组织和社会。人们在网上发行"比特币"就是最经典的证明。只要你足够有创意和智慧，你就可以虚构起你的世界。世界正无条件地向每个人敞开自己的宝库。这个宝库埋藏的不是只能独享的黄金，而是无限共享的信息和用信息不断织成的新世界。以往占有的观念和欲望，在这个宝库世界中将不会有存活的空气。

通过互联网，我们可以共享巨大的全球知识库，可以分享千千万万智慧的大脑所提供的各种知识，可以和无数形形色色的个人和群体往来，可以体验无数的习俗文化，也可自己创造一切。

一无所有的人，只要有劳动能力，他就不再是被人雇佣的商品，而是自己生命的主人。人生不再以财富的大量占有为目的，也无须占有财富，因为个人的智慧就是无限的宝藏的源泉。人们渴望的是世界的构建，而不是物质竞争中的胜败。资本家将成为世界上最贫穷的人，因为他们除了金钱，一无所有。

"全息化"、"自主化"、"媒体化"的网络世界，是非线性和多维互补的世界。任何组织都无法直接控制网络，这样每一个人都可以凭借自己的兴趣和意志找到自己的世界。你不会因某种不足而被拒绝，除非你拒绝自己。多元性、动态性、同时性、多层性正使每个人的意志汇合成同一的海洋，形成了瞬间的冲击方向。

在网络世界，任何问题都是全体人所共同面对的。

首先，任何个人和团体都无法脱离良心的谴责和网民的谴责。其次，任何个人和团体都必须考虑自己周围的变化，且同心协力。在网络世界，人的依赖是多维的，所以人的责任也是多维的。这种责任已经由眼前的担当演化出未来的不可避免性。从历史的角度看待眼前，是网络引发的最具革命性的思维变革。对于历史性思维，恩格斯曾做过这样的评价："初看起来，这种思维方式对我们来说似乎是极为可信的，因为它是合乎所谓常识的。然而，常识在它自己的日常应用的范围内虽然是极可尊敬的东西，但它一跨入广阔的研究领域，就会碰到极为惊人的变故。"网络已可以形象地将历史直接、随时呈现给观者，在形象中建立历史已完全可能，如何在形象中体现历史，是人类现时代的根本任务。一旦人的思维发生了革命性的变革，人的历史的变革才真正开始。

在"网络"所提供的多学科、多领域、多层次的"参照系"中，人们原有的见解被打破了。创新成为唯一的出路。而这种创新不是主客对立的需求式的创新，而是主客融合的互补式创新。任何创新者都不是在为自己而创新，而是为世界的完美。个体已不可能通过占有特定的区域成为独立者，个体只有主动创新世界才能感知自身的活力。

以往个体保护自己自由的方式是通过占有特定的权力和财富支配特定的人为自己服务，从而与其他区域的人划清界限。这是自我封闭的自由。而在网络世界，你可以随时改变你的处境，瞬时建立世界。这种建立是一种志同道合的沟通。所以人的自由是非占有式的自由。个人的自由不再是相互限定的自由，而是共同的自由。

网上购物，使个人世界有了可以独立广泛支配的物质条件。以往区域和身份的限制，在网络世界不存在了。售卖者仅仅是服务者，而不是高人一等的公司。任何身份的购买者，均可以凭自己的兴趣，购买任何高贵的商品，而不会感到身份的尴尬。

正像任何事物都有它的两面性一样，网络也给当今社会带来了许多负面的影响，尤其对青少年的毒害较深。青少年正处于身心未成熟期，好奇且不成熟，是非辨别能力较差。网络中各种黄、暴、毒信息混杂在一起，对青少年会造成巨大的诱惑，不惜以身尝试。首先，青少年的人生观会受冲击。各种颓废的人生观会扰乱青少年树立健康的世界观、人生观和价值观，导致青少年道德意识薄弱、责任意识下降，轻视法律，走上犯罪的道路。其次，长期网上生活，会导致青少年心理疾病。人际孤独，人情冷漠，逃避现实，甚至有人对人生绝望而轻生。再次，长期脱离社会公共生活，使自身社会角色迷失，社会适应能力下降，甚至不懂生活，不能工作。最后，网络聊天会使青少年养成思维肤浅、观点随意、难以形成成熟的思维方式。

网络对人类的影响从长期来看是积极的，在网络世界里人类正在聚集无限的能力，创造美好的明天。

五、现代社会的困惑

现代社会在发展的同时，却迷失在了利己主义和拜金主义之中。

在商业时代，利己主义和拜金主义间接地促进了社会进步。正是对利润的追求和竞争失败的恐惧，资本家拼命发展经济，这也导致了人对物的依赖。在商业时代，拜金主义把金钱看得比生命还重要，它以创造和积攒财富为最终目的。

利己主义是个人主义的极端表现。个人主义就是把个人利益置于社会和他人利益之上，一切以个人利益为出发点和归宿的思想。

利己主义是以普遍的、完全的、充分的、赤裸裸的形式表现出来的个人主义。主要表现为损人利己、损公肥私、唯利是图、尔虞我诈、金钱至上。

利己主义是私有制社会发展到一定阶段的产物。

原始社会，生产力低下，生存环境恶劣，个人只有和群体紧密联系才能生存，所以没有个人私利行为与思想。

原始社会后期，由于生产有了剩余，产生了个人利益和观念。

到了奴隶社会和封建社会时期，个人附属于一定的狭隘的人群。奴隶隶属诸侯，诸侯隶属天子；农民隶属于地主，地主隶属于皇帝。个人总要丧失自己的全部或一部分利益，所以个人主义不能以普遍的、完全的、充分的、赤裸裸的形式出现。

资本主义社会由于商品经济的充分发展和资本天生具有自由、平等逐利的本性，它要求资本家之间展开自由、平等的竞争，它冲破了人身依附关系，促进了个人解放，同时也使得个人彼此之间利益分离。对于个人而言，个人利益是社会中唯一真实的、永久的利益，现存的社会关系成了实现个人利益的手段，个人主义能以普遍的、完全的、充分的、赤裸裸的形式出现，形成了利己主义。

利己主义理论是从"人的本性是自私的"这一理论前提出发的。霍布认为，自然界在人类身体和心灵机能上造得极为平等，由此便产生了对于个人欲求同一事物，而这一事物又不能为他们共同享受时，他们彼此就成了敌人。这就是所谓的"人对人像狼"一样。因此他认为，人的自然本性是自私自利的。

爱尔维修认为，人从幼年到风烛残年，一直铭刻在心里的感情，就是"对自己的爱"。根据他的理论，这种"对自己的爱"，是以求乐避苦的肉体感受为基础的。

利己主义把个人利益作为判断行为价值的唯一而普遍的尺度。

爱尔维修认为，全人类的各个阶级，乃是只注意自己的利益，根本不顾公共利益的阶级。人们只是全神贯注于自己的幸福，他们是只把正义之名给予对自己有利的行为。他由此断言："个人利益是人们行为价值的唯一而且普遍的鉴定者。"

一个孤立的、与世隔绝的人，他的行为是不能进行价值判断的。对于生活于社会之中的人，他的行为只有与一定的社会关系相联系，才能判断出价值大小、正负。即使把行为价值理解为对个人的利害，离开了一定的社会关系和联系，但从孤单单的个人利益本身，也难以说明对自己是有利还是不利。因而也很难确定他的行为价值的有无、正负、大小。所以，集体的标准始终是价值判断的最正确的标准。

金钱万能是资本主义社会的另一显著特征。

货币商品的交换是普遍的，所以金钱可以换得一切，因而它是万能的。古人批评货币换走了道德的秩序，而今人则赞美金钱的光辉。

资本主义人人关系是现金交易。人的尊严变成了交换价值。贵贱、美丑、荣辱、良心都要以货币占有为标准，用金钱的天平来衡量：有钱就珍贵、美丽、荣耀；我能做什么不是由性格、能力决定的，而是由金钱决定的；我很丑，但有钱能娶美女，因而我是美丽的。马克思指出在资本主义社会"货币是最高的善"。

马克·吐温也不无嘲讽地说道："金钱是他们的上帝，生财之道是他们的宗教。"

拜金主义起源于以下几点：

第一，资本增殖的渴望。资本家在竞争中必须不断地使自己的资本增殖，否则就会被其他资本家打败。

第二，社会商品化。一切都变成了可以买卖的商品。在商品化的社会环境中，离开金钱，个人寸步难行，崇拜金钱成为普遍法则。

第三，人生成功的象征。在商品的世界中，获得金钱就能获得一切，所以成功的人生就是财富成功。

可是商业经济的竞争性，必然导致物质财富的两极分化，使全人类分成穷人与富人、落后地区与发达地区、穷国与富国，并且分化还在加剧，最终导致人间悲剧的大量发生。

商业竞争使文明与丑恶并存，并相互交融；它既促进了历史进步，又带来了不可克服的停滞。

以金钱为生命目的的人，无论在成功还是失败面前，都会走向丑恶。因为，当金钱的增多成为快乐的唯一源泉时，人就会走向嫉妒、自卑，最终走向绝望、毁灭。

第二节　美好的人类未来

随着科学技术的发展，人类将在高度发达的基础上，最终走向美好的社会。共产主义是人类最崇高和最理想的社会。在共产主义社会，没有人对人的压迫与剥削，每个人都自由而全面地发展。

一、共产主义社会建立的历史前提

共产主义社会是资本主义社会充分发展的产物。资本主义社会对剩余价值的追求促进了全社会科技的发展，从而形成了生产的高度社会化，但是生产资料愈来愈集中在少数资本家手中，这样，就导致了生产的社会性与资本主义私人占有形式之间的矛盾。生产的社会性与资本主义私人占有形式之间的矛盾日益尖锐，就必然导致资本主义社会被共产主义社会所代替。

马克思主义认为，人类社会的发展像自然界的发展一样，有着自己的客观规律，按照这些客观规律，人类才能找到美好的未来社会及其实现的道路。列宁指出："马克思的全部理论，就是运用最彻底、最完整、最周密、内容最丰富的发展论去考察现代资本主义。自然，他也就要运用这个理论去考察资本主义的即将到来的崩溃和共产主义的未来发展。""马克思丝毫不想制造乌托邦，不想凭空猜测无法知道的事情。马克思提出共产主义问题，正像一个自然科学家已经知道某一新的生物变种是怎样产生以及朝着哪个方向演变才提出该生物变种的发展问题一样。"①

资本主义剩余价值生产是资本主义生产方式的绝对规律。资本主义生产的直接目的和决定性动机，就是无休止地采取各种方法获取尽可能多的剩余价值。这种不以人的意志为转移的规律，就叫剩余价值规律。

资本主义生产一方面是使用价值的生产；资本主义使用价值的生产和其他社会形态的使用价值生产完全一致，即运用一定的生产资料加工一定的原材料，生产出特定产品的过程。只不过由于资本家占有生产资料，生产是为资本家生产，所以工人被资本家监督，产品完全归资本家所有，工人只获得工资。

①列宁：《列宁选集》（第3卷），人民出版社1995年版，第127页。

资本家生产另一方面又是剩余价值生产。剩余价值生产，就是工人在劳动中补偿完自己劳动力价值之后，又延长了自己的劳动，而生产更多价值的行为。如果劳动者创造的价值刚好补偿资本家所预付的劳动力价值，那就是单纯的价值形成过程，如果价值形成过程超过了这个一定点，就变成了价值增殖过程。

资本家为了在生产竞争中取得更大的实力，不断扩大生产规模。扩大生产规模的资产来自于剩余价值。剩余价值资本化，就是资本积累。马克思关于资本积累的学说，揭露了资本主义制度下贫困两极分化的原因，揭示了资本主义失业现象的本质，深刻阐明了资本主义制度必然走向灭亡的历史命运。

随着资本积累和生产规模的扩大，社会财富日益集中在少数人手中，无产阶级日益贫困化。这导致工人失业现象普遍发生。

随着科技水平的提高，单个工人支配的不变资本的数量在扩大，这样在资本总投资额不变的情况下，随着科技水平的提高同样数额的资本能够雇佣的工人数量在下降。可以说，伴随资本积累，工人失业率在上升。

在资本主义社会，随着资本有机构成的提高，提高了单个资本投资额的数量，使更多的资本成为多余的资本。这样就出现了一个奇怪的现象，一方面是大量闲置的资本，另一方面是大量失业的工人。之所以出现这种现象，是因为对于资本家而言，投入资本不能获得必要的剩余价值，所以资本家不愿意投资。正如马克思所说："资本主义积累不断地并且同它的能力和规模成比例地生产出相对的，即超过资本增殖的平均需要的，因而是过剩的或追加的工人人口。"①

随着资本积累的增长，一方面，资本主义生产愈来愈具有社会性，其表现是：生产资料的使用社会化，生产过程成为许多人协同进行的社会化的大生产；各个企业、各个部门之间的相互联系和相互依赖的程度日益加强；社会分工不断扩大，生产的范围从一个企业扩展到一个国家，甚至扩展到全球，整个社会的经济活动密切地联结成一个整体。另一方面，资本愈来愈集中于少数资本家手中，生产什么，生产多少，如何生产，完全服从于资本家追逐剩余价值的目的，按照资本家个人的意愿来进行；生产出来的产品完全由资本家占有，并按照他们的私利来进行分配和交换。这样，在生产的社会性和资本主

①马克思、恩格斯：《马克思恩格斯选集》（第44卷），人民出版社2001年版，第726页。

义的私人占有形式之间便发生了深刻的矛盾。随着资本积累的加剧，资本主义必然被符合社会化大生产要求的社会制度所代替。

二、美好的共产主义社会

恩格斯曾经对美好的共产主义社会有过精彩的描述，并将之称作人类的自由王国，"一旦社会占有了生产资料，商品生产就将被消除，而产品对生产者的统治也将随之消除。社会生产内部的无政府状态将为有计划的自觉的组织所代替。个体生存斗争停止了。于是，人在一定意义上才最终地脱离了动物界，从动物的生存条件进入真正人的生存条件。人们周围的、至今统治着人们的生活条件，现在受到人们的支配和控制，人们第一次成为自然界的自觉的和真正的主人，因为他们已经成为自身的社会结合的主人了。人们自己的社会行动的规律，这些一直作为异己的、支配着人们的自然规律而同人们相对立的规律，那时就将被人们熟练地运用，因而将听从人们的支配。人们自身的社会结合一直是作为自然界和历史强加于他们的东西而同他们相对立的，现在则变成他自己的自由行动了。至今一直统治着历史的客观的异己的力量，现在处于人们自己的控制之下了。只是从这时起，人们才完全自觉地自己创造自己的历史；只是从这时起，由人们使之起作用的社会原因才大部分并越来越多地达到他们所预期的结果。这是人类从必然王国进入自由王国的飞跃。"①

共产主义社会是在资本主义生产力高度发达的基础之上建立的，所以物质产品极大地丰富起来。高度发达的生产力和极大丰富的物质产品是美好社会建立的物质前提。

生产力更加发达，将是美好社会的一个显著特征。大工业的发展将给社会提供足够的产品以满足所有人的需要。土地集中利用，可以借助现有改良成果和科学成果改造农业，将来农业同样地也会进入崭新的繁荣时期，并将为社会提供足够的产品。

公有制的建立，是为了适应生产社会化的需要。人们自由而平等地劳动，并采取自愿联合的形式。

计划组织和管理社会生产，是美好社会的又一特色。相互竞争的个人和部门被取消了，这些生产部门由整个社会来经营，就是说，为了共同利益、按照共同计划、在社会全体成员

①马克思、恩格斯：《马克思恩格斯选集》（第3卷），人民出版社1995年版，第633页—634页。

的参加下来经营。这时，个人劳动直接表现为社会劳动的一部分，劳动者个人的劳动将不再通过交换价值的途径向社会劳动转化，于是，"以交换价值为基础的生产便会崩溃"。

以往社会，个人获得必要的消费品，必须通过残酷的竞争和艰辛的劳动，结果仍旧是社会两极分化，穷人和富人并列。在美好的共产主义社会将实行"各尽所能，按需分配"的财富制度。马克思十分清楚地表明了这种财富制度产生的必要的社会条件："在共产主义社会高级阶段，在迫使个人奴隶般地服从分工的情形已经消失，从而脑力劳动和体力劳动的对立也随之消失之后；在劳动已经不仅仅是谋生的手段，而且本身成了生活的第一需要之后；在随着个人的全面发展，他们的生产力也增长起来，而集体财富的一切源泉都充分涌流之后——只有在那个时候，才能完全超出资产阶级权利的狭隘眼界，社会才能在自己的旗帜上写上：各尽所能，按需分配。"①

在共产主义社会社会关系高度和谐，人们的精神境界极大提高。这是因为：

第一，由于没有了阶级和阶级斗争，人类就没有了不平

①马克思、恩格斯：《马克思恩格斯选集》（第3卷），人民出版社1995年版，第305页—306页。

等的根源。由于社会能满足每个成员的合理的社会需求，为生存而展开的斗争停止了。这时，一切镇压的手段都消失了，军队、警察、监狱都变成了历史陈迹。个人将按社会各种规定和习俗去行为，将依据社会指标去生活。

第二，在美好社会，工业与农业、城市与乡村、脑力劳动和体力劳动的差别将消失。因此，社会平等有了真实的基础，不和谐的根源消失了。人类因此促进了物质文明和精神文明的发展。无论生活在城市，还是乡村，人们的心情都是快乐的。每一个人都根据自己全面发展的需要去寻找自己的圣地。

第三，人与自然达成了和谐，人们以合乎自然规律的方式改造和利用自然。

在共产主义社会，每个人都在自由人联合体中自由而全面地发展自己。而且"在那里，每个人的自由发展是一切人的自由发展的条件"。所以个人的全面发展，是建立在共同发展基础之上的。这种发展就不存在旧社会中一些人发展导致另一些人不发展的状况。彼此相互支持，是美好社会的美丽景致。

不仅人的体力和智力得到发展，各方面的才能和工作能力也得到发展，人的社会关系和社会交往也得到发展。

旧式强迫性的社会分工消失了。社会分工已不再有强迫性，而是自我完善的手段，贡献社会的场所。人们通过选择不同的职业，来完善和锻炼自己。所以劳动成了生活的第一需要，而不是谋生手段。

在美好社会，自由时间充裕，人们可以根据自己的需要自由安排生活。通过从事科学、艺术等活动，全面提高自身的素质。

劳动之所以是人生的第一需要，首先在于劳动不再是强迫的，而是创造性的、自愿行为。个人在劳动中发挥了才能，培养了素质，尤其重要的是表达了自己的理想。这样，劳动就成为乐生的手段，成为"生活的第一需要"。

共产主义社会是美好的，那时人类将从自然压迫和社会压迫中解放出来，由必然王国进入自由王国。

共产主义一定要实现，共产主义一定能够实现，但必须明确，共产主义的实现是一个很长的甚至是充满曲折的历史过程。

社会物质财富的充分涌流，人们精神境界的不断提高，共产主义新人的培养和成长等，都需要很长的历史时期。

历史经验证明，对社会主义时期的长期性应有充分的估计，决不能超越阶段急于向共产主义过渡，否则会欲速不达，带来严重的后果。历史经验也证明，在社会主义的发展过程中，还存在着遭受严重挫折甚至发生资本主义复辟的可能性，对此也必须始终保持头脑清醒。

现存的资本主义国家将来不论发达到何种程度，当其实现根本性制度变革的时候，也只能是首先进入共产主义的低级阶段即社会主义社会，而不可能直接达到共产主义高级阶段，因为资本主义所能容纳的生产力毕竟是有限的。而"刚刚从资本主义社会中产生出来的"社会主义社会，"在各方面，在经济、道德和精神方面都还带着它脱胎出来的那个旧社会的痕迹"①，要消除这些旧社会的痕迹，实现新社会在自身基础上的发展，也需要经过一个很长的时期即社会主义时期。

实现共产主义远大理想的过程就像万里长征，应该从第一步走起，踏踏实实地向着未来迈进。我们党的最高纲领是实现共产主义，当前的最低纲领就是建设中国特色社会主义，最高纲领和最低纲领是统一的。当前，我们要把共产主义远大理想与中国特色社会主义共同理想结合起来，积极投身于建设中国特色社会主义事业的伟大实践。

---

①马克思、恩格斯：《马克思恩格斯选集》（第3卷），人民出版社1995年版，第304页。

　　建设社会主义是一个长期艰苦的过程，试图跳过社会主义阶段而直接进入共产主义社会，是不可能实现的。而试图人为地缩短社会主义时期，急于向共产主义过渡，超越社会主义充分发展阶段，也是有害的。不努力建设社会主义，就不会到达共产主义，失掉了现在也就没有了未来。

　　中国特色社会主义道路，就是在中国共产党的领导下，立足基本国情，以经济建设为中心，坚持四项基本原则，坚持改革开放，解放和发展社会生产力，巩固和完善社会主义制度，建设社会主义市场经济、社会主义民主政治、社会主义先进文化、社会主义和谐社会，建设富强民主文明和谐的社会主义现代化国家。

　　理想是指引人们奋斗方向的航标，也是推动人们前进的强大精神动力。一个社会不能没有理想，一个人也不能没有理想。个人的理想必须同社会发展进步的大趋势相一致。共产主义理想是建立在科学基础上的社会理想，是人类最伟大的社会理想。在建设中国特色社会主义的实践中，我们不但要坚定中国特色社会主义的共同理想，而且要进一步树立共产主义远大理想。

　　牢固地树立和坚定共产主义必胜的信念，树立和追求共产主义远大理想，要体现在积极投身中国特色社会主义建设事业的实际行动中。

青少年是民族的希望，祖国的未来，肩负着推进中国特色社会主义建设事业，实现中华民族的伟大复兴的历史重任。要把追求个人理想与追求社会理想结合起来，把追求共同理想与追求远大理想结合起来，从我做起，从现在做起，勤于学习，善于创造，甘于奉献，做一个有理想、有道德、有文化、有纪律的社会主义新人。